U0396956

Digital Technology-based Learning Sciences

Theory, Research and Practices

基于数字技术的学习科学

理论、研究与实践

林立甲 著

华东师范大学出版社

目录

前言

本书旨在向读者介绍国外 21 世纪以来在学习科学方面的理论和研究成果。这些理论是在 20 世纪的理论和研究成果的基础上，经过科学研究的不断验证后提出来的，而本书介绍的研究成果不仅有 21 世纪前十年的成果，还包括了最近几年的新发现。本书作者希望通过这些介绍让读者对于 21 世纪以来的西方，特别是美国，在学习科学领域的研究能够有一个比较全面的认识和了解。本书在每一章中都有对教育实践的建议和探讨，希望能够引发读者的共鸣和思考，并对教育实践起到促进作用。

本书共包含十七章。第一章用比较平实的语言介绍了科学研究的概念，旨在让读者认识到科学研究的意义，特别是对教育实践的意义。第二章至第八章侧重在文献的基础上对相关理论和概念进行系统的介绍，具体为：第二章介绍认知负荷理论，第三章介绍使用图像对学习的促进作用，第四章介绍的视觉线索以及第五章介绍的学习代理人是学习科学领域中两个较为微观的研究方向，第六章介绍的基于数字技术的教育游戏是近十年来美国学习科学领域研究中的一个热点，第七章介绍绘图对于学习的效应，从认知过程的角度出发，探讨促进积极学习的有效策略，第八章涉及近年来兴起的社交媒体，着重探讨社交媒体的教育意义。第九章至第十七章为研究案例，旨在向读者介绍相关主题的研究设计。

本书的潜在读者群既包括教育和心理等领域的科学研究人员，又包括各类教育从业人员。希望本书能让读者对相关领域的国外研究有大致的了解，以本书为起点，深入钻研其中的某些领域；同时也希望本书能使研究生找到感兴趣的研究方向，开启他们的学术生涯；更希望本书能够让各级教师了解科学的研究方法，将自身的教学实践和已有的科学研究相结合，探索新的教育实践之路。

本书的撰写工作受上海市哲学社会科学规划课题"学习代理人的视觉线索效应研

究"（2014JJY001）、上海市浦江人才计划"学习代理人在多媒体学习环境中的效应研究"（13PJC031）、上海市晨光计划"学习代理人的学习与认知效应研究"（12CG27）以及教育部留学回国人员科研启动基金的支持。

林立甲
华东师范大学心理与认知科学学院

第一章　科学研究

　　科学研究在一般人眼里是很"高大上"的事情,是科学家做的事情,科学研究的成果可能是那些见诸各大媒体的一些趣闻里面。那么科学研究怎样才能和教育实践联系起来呢? 这将是本章所要阐述的内容。

　　谈到科学研究,需要从"科学"和"研究"两个部分来考虑。可能你还是觉得研究是很高深的一项活动,比如研究国家政策,研究克隆人,研究生物进化。实际上,在日常生活中你也可能正在从事研究工作。比如,当你有购买一台电视机的需求时,你可能首先需要考虑很多因素,比如是去实体店买好呢,还是网购比较好;是买国外品牌好呢,还是国产品牌;是买高清电视机呢,还是买一般一点的电视机;是买贵一点的呢,还是买便宜一点的。为了找到这些问题的答案,你可能会采取以下措施中的一种或者几种:(1)你之前使用电视机的经历和体验;(2)询问亲朋好友对电视机的看法;(3)使用网络搜索网友对各种电视机的看法;(4)浏览门户网站或者家电网站里面的各种电视机体验的专业文章;(5)浏览电商网站比较性能、价格和商品评价等;(6)去实体商店比较不同品牌的电视机;(7)去品牌专卖店了解品牌电视机的情况。这个购买电视机并最终完成购买行为的过程其实就是一项研究——系统地对各种信息进行收集和分析,在此基础上形成最终结论。

　　"科学"这两个字似乎既高端又带有些神秘色彩。其实,科学的作用就在于让结论能够站得住脚,经得起考验。例如,某重点中学的一位语文老师采用了一种他认为创新的教学方法——整堂语文课他就让学生反复阅读课文,而不进行课文的讲解和分析。他认为,"书读百遍,其意自见"。那么,如何证明这位语文老师的创新教学方法是好的呢? 可能读者会想到,如果专家和教授评课后认为这样的教学方法是好的,那就说明这个方法是好的。可能还有些读者(家长)觉得,如果这种教学方法能提高学生的语文考试成绩，那也可以说明这种教学方法是好的。这些想法其实都体现了一定的科学性。前者是从专业人士（教学经历丰富的人和学识渊博的人）的角度来衡量，后者是通过比较学生的语文成绩来衡量。只有具备了这样的科学性，才能使得结论"这种教学方式是好的"得以成立。当然，可能也会有教师提出，为什么我在自己的语文课上使用了这样的教学方法，却没有看到学生成绩提高呢？这就引发我们继续去探索，到底有哪些因素会影响这种教学方法的有效性。这样既通过证据证明有效性，又去寻找其他影响有效性的因素（即无效）的过程，就是科学探究和验证的过程，这样得出的结论（比如，对智商较高、学习较主动的学生，老师不讲解课文而只让学生反复阅读课文能促进学生对课文的理解）才能站得住脚。

长期以来，不论是学术界还是社会大众，似乎都已经习惯了以拍脑袋、提观点的形式作为科学研究的产物，而忽略了对观点和结论进行科学探究和验证的重要性。这样的后果是，学术圈产出了不少站不住脚甚至让人啼笑皆非的研究成果，导致科学研究的价值和重要性被大众低估。因此，采用科学的研究方法，不仅可以使得研究的质量提高，更能重新唤醒大众对于科学的向往，使得大众相信科学，相信中国科学家所从事的科学研究。

科学研究方法

我们还是以让学生反复阅读课文而没有老师讲解这种创新语文教学方法为例，来通俗地说明怎样通过科学的方法来研究该教学方法的有效性。

首先我们要考虑从多种角度来揭示这种教学方法的有效性，就像法官或者陪审团在判定犯罪嫌疑人有罪还是无罪时，会考虑（多个）人证和（多个）物证一样。当然，科学的魅力就在于，尽管事先研究人员会根据已有研究或者经验形成一定的研究假设，但在数据收集和结果分析之前，大家都不知道会是怎样的结果。我们可以选择从学生、专家、家长三个角度或者其中的一个角度来评判该创新教学方法的有效性。

从学生角度来说，如果创新教学方法有效，那么学生的语文成绩就会有所提高。提高是需要有对比的，所以研究人员可以设计在两个时间点测量同一群学生的语文成绩，通过前后比较来揭示创新教学方法是否有效。当然，前后比较的前提是能够比较，苹果和西瓜不能拿来比大小。所以，很多时候，前后测的试题需要是同一份测试题，这样才能进行前后对照，后测和前测的分差才有意义。当然，使用同一份测试题也会带来一些问题。例如,学生可能会因为同一份测试题做了两次,在前测得到了练习的机会,因此在后测中分数提高了,而不是因为在前后测中学习了相关知识(比如阅读了课文)。一种用来克服这种练习效应的方法是让前后两次相同的测试题的顺序不同,另一种方法就是设计开发不同的测试题作为前后测。当然,包含不同试题的前后测需要在题型、内容、难度、区分度、分值等属性上相同,来确保前后两次测试的比较有意义。比如,前后测都考到了课文的每段的中心思想,而不是前测只涉及第一段的中心思想,后测涉及每段的中心思想。心理测量中将这种前后测称为平行测试(parallel tests)。以上是从测量工具的角度来考虑回答"某语文创新教学方法是否有效"这个问题。除此之外,还可以考虑实施前后测的时间。如果前后测间隔时间很短,可能会受练习效应的影响,而如果后测和创新教学方法之间的间隔时间太长(例如一周),又可能受到其他因素的干扰(例如学生通过小组讨论得到了知识)。鉴于这些考虑,有些研究人员可能会采用前测—后测—延迟(pretest-posttest-delayed posttest)的测验模式。

光比较一群人的语文成绩在前后测试上的增长与否可能还不足以说明该创新教学方法有效。还有很多原因可能造成这一群学生的后测比前测成绩明显提高。例如,学生自身在心理和智力等方面会发展、会成熟,从行为学的角度可能反映为他们的智商随着年龄的增长而提高,言语表达能力会提高,生理学上可能反映为学生大脑内神经元的连接越来越牢固、神经元之间的连接越来越复杂。因此,单单前后比较还不足以排除学生自然增长导致语文成绩提高的假设。

由此,研究人员可以引入一个对照组(也称为参照组或者控制组,control group)。这个对照组是用来和实验组,即接受创新教学方法的一组学生,来进行比较的。对照组可以是接受了传统的语文教学方法(例如学生阅读课文以后老师讲解课文)的形式。在保证实验组和对照组前后测施测时间相同或者差不多的情况,通过一定的统计分析方法(比如方差分析 analysis of variance),就可以科学地推断,实验组,即接受创新语文教学方法的那群学生,他们的语文成绩的提高是不是因为学生自然发展造成的;如果实验组学生语文前后测提高的分数显著高于对照组的语文前后测提高的分数,那么就可以排除自然增长的因素。

读者还可以继续推断,还可能有哪些潜在因素,可以用来否定"语文成绩的提高是因为创新教学方法造成的"。比如,如果实验组的学生刚好是成绩比较好的学生,例如重点中学的学生,而对照组的学生刚好是成绩一般的学生,例如普通中学的学生,那实验组学生语文成绩的提高也可能是因为学生本身成绩好，底子好（心理学中将"底子"称为已有知识或者先备知识 prior knowledge）。研究人员可以通过统计方法来控制学生已有知识的影响，例如可以采用协方差分析（analysis of covariance）而不是方差分析。当然，也可以通过将参与实验的学生随机分配到实验组和对照组的方法，或者将普通中学的学生和重点中学的学生进行匹配。再比如，可能有人觉得学生父母的受教育程度也会影响到他们孩子的学习成绩。那么，该研究也可以通过学生或者家长自我报告的形式来测量父母的受教育程度，并通过恰当的统计分析方法来控制该因素的影响。

另外，老师的因素也可能会影响到结果——如果实验组和对照组是由两个不同的老师教的，那可能也会造成两组学生的语文成绩不一样。因此，研究人员可以考虑让同一个老师教实验组和对照组的学生，以此来控制教师的因素。

我们还可以列举出很多潜在影响的因素，这也是社会科学领域的科学研究和自然科学领域的科学研究的不同之处。研究人员无法完全控制处在社会中的潜在影响因素，甚至有些影响因素是让大家都没有想到的、未知的。也正因为如此，与自然科学领域的研究不同，社会科学领域的研究可重复性较差，这就需要研究人员进行多次研究。如果进行实验组和对照组的比较，尽量控制了影响因素以后，都发现接受创新语文教学方式的学生的语文成绩没有比对照组有明显提高，那很可能说明该方法并没有效果。

以上是从学生角度设计的探索创新教学方法的方案思路。当然，我们还可以考虑教育专家和家长的意见。这也是一些人比较熟悉的做法。比如，可以以教师公开课的形式，来让专家评定。专家可能由富有教学经验的特级教师和理论性较强的教授组成。如果专家都认为这种教学方法好，那这也是一个有力的佐证。也可以通过访谈或问卷的形式来获得家长的意见。当然，家长的意见可能会因为他们的阅历、学识、专业的不同而不同。所以在考虑家长意见的时候，也应该同时考虑家长本身这个因素的差异。

可能还有数以万计的因素影响到创新语文教学方法研究的结果。这里不一一列举，也不可能一一列举。希望通过以上的举例，读者能够了解科学的思维方式，尝试建立科学的思维方式，并通过这样的方式来探索或者验证，最后得出结论。这样的过程就是系统的科学研究的过程，就是研究。这项研究可能并不高深，可能有些是我们比较熟悉的，已经在做的，而有些是我们以前未曾考虑到的。

科学研究与教育实践

目前我国的教育相关的科学研究,大多数是在脱离实际教育情境的实验室完成的,或者是停留在思辨层面、未使用科学方法验证的所谓学术观点,这些研究对于教育实践的作用十分有限。而对于幼儿园、中小学甚至大学的教师来说,教学要么通过凭感觉的自我摸索,或者经验积累,要么通过老教师的传帮带。这样的教学实践往往会使得教育缺乏创新,也会走不少弯路。

科学研究和教育实践并不是独立的,更不是矛盾的。科学研究是为了指导实践,透过现象看问题的本质;而教育实践既是科学问题提出的发源地,也是检验科学研究的场所,更是孕育创新人才的基地。经过科学研究的教育实践,才是令人信服的,因为它经受了检验。目前,中国大陆教育需要的,不是学先进国家,也不是高声呼吁本土化,而是切实转变思维,解放思想,实事求是,建立科学的思维方式,用科学研究来指导实践。这也是为什么这些内容出现在本书的第一章。本书之后的各章节将介绍相关领域的科学研究,以及在此基础上引发的教育反思和教育启示。希望读者在之后的阅读中,时刻牢记科学的重要性,逐步建立科学的思维方式。

第二章　认知负荷理论

20世纪80年代末90年代初，澳大利亚的John Sweller以及欧洲的Fred Paas和Jeroen van Merrienboer等研究人员，在一系列实证实验的基础上，提出了认知负荷理论（cognitive load theory，Sweller，1994；Sweller，van Merrienboer & Paas，1998）。在那个时代，该理论的提出和建立，继承了部分先前认知心理学的理论模型。具体来说，认知负荷理论承认，人的认知建构是由瞬时记忆、工作记忆和长时记忆构成的。并且，人的工作记忆容量是有限的，而长时记忆的容量是无限的。信息在长时记忆中是以图式的形式存储的。人的学习和认知过程实质上就是图式的建构过程。认知负荷理论，可谓影响深远。它将外部教学信息的呈现方式——教学设计，与人的内在认知结构和过程相关联、相结合，从而指导了教学设计人员、研究人员以及广大教育工作者的研究和实际工作。本章首先将回顾认知负荷理论，然后将阐述该理论的最新发展，最后将阐述认知负荷领域面临的问题和挑战。

认知负荷理论的形成及发展

认知负荷的"三元论"

认知负荷是"完成某一项任务对认知系统所造成的负荷"（Paas & Merrienboer，1994a），"对工作记忆存储和信息处理的任何需求"（Schnotz & Kurschner，2007，p. 471）。它的本质是学习和认知对工作记忆造成的负荷。早期有关认知负荷的理论研究集中在如何降低外在认知负荷上（Sweller，1988）。之后，研究人员发现，一些由于外在认知负荷引起的效应（如注意力分离效应）在不同的学习材料或者学习任务中不同，因此开始考虑学习材料或者学习任务本身这个因素，由此引入了内在认知负荷。

在理论上和实验中,研究人员和学者认为,内在认知负荷和外在认知负荷是需要控制和减少的,因此,需要引入一个因素,来解释人因有意识的学习而造成的对工作记忆的负担。由此,关联认知负荷被加入到了认知负荷理论中(Sweller et al.,1998),形成了较为成熟的认识负荷理论的"三元论"。

理论认为,认知负荷不是一个单一的结构,它由三个部分组成——内在认知负荷、外在认知负荷和关联认知负荷。这就是认知负荷的"三元论"。

内在认知负荷是由学习材料或者学习任务的自然属性(即难度)决定的。学习材料或者学习任务由各个元素组成。元素是学习或者处理的任何信息单元。元素交互程度(element interactivity)决定了内在认知负荷所处的水平。当元素交互程度很低时,内在认知负荷就处于一个较低的水平。例如我们记忆化学元素符号时,各化学元素[例如铁(Fe)和铜(Cu)]之间交互性很低,因此记忆化学元素符号这项学习任务的内在认知负荷水平较低。当学习材料或者学习任务中的元素关联交互程度很高时,内在认知负荷就处于高水平。例如,在多媒体学习环境中,学习者可能在看教学动画的时候,还要收听有关解释教学内容的录音,并不时看教学动画旁边配的文字说明。学习者需要在录音、文字说明和教学动画之间建立联系,从而学习知识。在这种情况下,各元素互相联系,交互程度很高,因此我们认为这个时候的内在认知负荷水平很高。外在认知负荷是指与学习无关的,或者妨碍学习的工作记忆负荷。它是由于不恰当的教学设计造成的。例如,当教学图片和与之相对应的说明文字在空间或者时间上分离时,学习者就需要在大脑的工作记忆中保持住一部分信息(如图像信息),然后寻找与之相对应的言语信息,再把这些信息关联起来学习。这种注意力分离现象是由不恰当的教学设计造成的,产生了外在认知负荷,阻碍了学习(Ayres & Sweller,2005)。关联认知负荷是那些与学习有关的、促进学习的工作记忆负荷,是用于图式建构的认知负荷。这三类认知负荷存在可加性。它们相加的总量不能超过人的工作记忆的容量。

一些实证研究的实验结果也在一定程度上支持了认知负荷的"三元论"。DeLeeuw 和 Mayer(2008)招募了 155 名大学生参与他们的两项实验。这些被试通过实验室的计算机上的多媒体课程学习有关发电机原理的知识。DeLeeuw 和 Mayer 使用了三种测量认知负荷的工具——在完成学习任务(主要任务)时的主观大脑努力程度评分、完成二级任务的反应时间以及完成学习后的主观难度评分。实验结果显示,上述三种认知负荷的测量工具分别对应了内在认知负荷、外在认知负荷和关联认知负荷。另外,Gerjets,Scheiter 和 Catrambone(2004,2006)以及 Lin 和 Atkinson(2011)使用了 NASA－TLX(Hart & Staveland，1988)的主观测试题目来测量认知负荷，并且认为 NASA－TLX 中的测试题目分别对应了三种不同类型的认知负荷。

认知负荷的"一元论"

早期的认知负荷理论研究人员和学者认为，认知负荷不是一个单一的结构，而是由内在认知负荷、外在认知负荷和关联认知负荷三个子成分构成的。因此，在认知负荷以及多媒体学习的研究中，应该将这一点考虑进去。

Sweller(2010)却提出了不一样的看法。他首先承认，元素的交互性是内在认知负荷的决定性因素。但是，他认为，研究人员应该去探寻造成外在认知负荷的深层次原因。而这个深层次的原因就是元素的交互程度——造成工作记忆负荷的主要原因，而工作记忆负荷是内在和外在认知负荷的主因。决定认知负荷是内在认知负荷还是外在认知负荷取决于需要学习的内容。如果在学习的内容和学习目标不变的情况下，元素交互性可以降低，那么这时候的认知负荷就为外在认知负荷；如果在只有改变学习内容和学习目标的情况下才能改变元素交互的程度，那么这时的认知负荷就是内在认知负荷。例如，如果我们的学习目标是学习和理解国民经济体系，那么诸如通货膨胀、国民生产总值等专业术语的出现就会妨碍我们理解整个国民经济体系，这些术语就造成了外在认知负荷；但是，如果我们的学习目标是学习有关经济术语，那么，通货膨胀、国民生产总值等术语就是造成内在认知负荷的主要因素。

另一方面，Sweller(2010)认为，关联认知负荷并不是独立的。它与内在认知负荷和外在认知负荷有关。具体来说，由于人的工作记忆容量是有限的，因此，关联认知负荷会随着内在认知负荷和外在认知负荷的增减而变化。如果内在认知负荷很高而外在认知负荷很低，那么，学习者需要耗费大量"脑细胞"去学习理解有一定难度的学习材料，而由于外在认知负荷很低，学习者仍有一定的认知资源（工作记忆容量），因此，关联认知负荷会很高。如果外在认知负荷增加了，那么学习者就需要分配更多的认知资源用于处理无关学习的信息，关联认知负荷会相应的减少。而内在认知负荷和外在认知负荷的变化取决于元素交互的程度。所以，总体认知负荷(overall cognitive load)就至少在理论上可以存在，因为元素交互程度使得三类认知负荷在深层次上相关联。

认知负荷的"二元论"

认知负荷的"二元论"是在"一元论"的基础上发展起来的。简单来说，"二元论"指出,"关联认知负荷"这个概念已不需要存在,认知负荷可细分为内在认知负荷和外在认知负荷。

虽然 Renkl 和 Atkinson(1998)通过实证实验,得出结论:在学习样例(worked example)的时候自我解释可以增加关联认知负荷,从而促进学习。但是,Kalyuga(2011)认为,这些关于关联认知负荷的实证实验的依据太少;并且,这些已有的实证依据也能被内在认知负荷所解释。在学习者自我解释的过程中,学习者将自己已有的知识与正在学习的原理相融合,从而使得学习者工作记忆中的元素交互程度增加——即内在认知负荷增加。因此,关联认知负荷在概念上也与内在认知负荷部分重合。

另一方面,我们必须承认对于关联认知负荷的测量始终是这个领域的一个挑战。这和认知负荷的测量问题有关。Gerjets, Scheiter 和 Catrambone(2004, 2006)认为 NASA - TLX 中的测试题目分别对应了三种不同类型的认知负荷。但是后来,他们以及其他学者(如 Schnotz, Kurschner, 2007)承认,很难在实际中测量某一类型的认知负荷。并且,认知负荷领域以及多媒体学习领域的研究人员在实验中通过自我报告的方式,采用了各式各样的主观测量认知负荷的量表。但是,目前还没有哪位研究人员或者哪个研究团队能够证明,某一个量表是为测量某一类认知负荷而专门设计的。

Sweller 认为,目前,在实验中分别测量不同类型的认知负荷是无意义的和徒劳的。但是,通过人为的实验控制手段,改变学习任务的复杂性,学习材料的难度,或者改变教学信息的呈现形式(即教学设计方式),就可以达到改变内在认知负荷或者外在认知负荷的目的。因此,在实验控制的情况下,如果研究人员能够用测量心理能量或者难度来测量总体认知负荷的变化,那么,任何总体认知负荷的变化都可以找到原因——学习任务/材料的变化抑或是教学设计方式的变化。基于以上阐述,我们可以看到,内在认知负荷和外在认知负荷是和学习任务/材料的属性和设计有关的。而关联认知负荷却不能够通过人为的实验控制手段来改变。它只能从它最初的定义——用于与学习有关的认知资源出发,通过学习者的学习结果或者表现结果来推测,由此造成了关联认知负荷与其他两类认知负荷区分的困难,尤其是实验操作上区分的困难。回顾认知负荷的最初发展历史,我们可以发现,关联认知负荷并不像内在认知负荷和外在认知负荷那样是基于教学现象和效应的,而是为了完成理论而产生的。这也从本质上解释了为什么其在实际实验操作中难以测量,以及与其他认知负荷难以区分。

基于关联认知负荷概念上的不清晰以及测量操作上的困难这两个原因,Kalyuga

(2011)提出了认知负荷的"二元论"——认知负荷不是单一的结构，而是分为内在认知负荷和外在认知负荷。

认知负荷的"二元论"认为，宏观上，内在认知负荷不仅仅取决于学习任务或者材料的自然属性，而是取决于学习任务以及这些任务相对应的具体的学习目标。内在认知负荷和所有导致在长时记忆中产生新的或者修正的知识结构的认知活动有关。而这些认知活动包括在工作记忆中交互元素的处理，以及根据具体的学习目标对这些已有的知识结构的整合。微观上，和之前的认知负荷"三元论"和"一元论"相同，"二元论"也认为内在认知负荷本质上是由元素的交互程度决定的，而外在认知负荷是由不恰当的教学设计形式造成的。

认知负荷理论的问题和发展趋势

和所有理论的产生机理相同，认知负荷理论的产生，解释了先前理论所不能解释的实验现象；认知负荷理论，是随着实证实验的累积而不断修正的。未来认知负荷理论将何去何从呢？

为了认知负荷理论的进一步发展，研究人员必须解决一个核心却一直悬而未决的问题——怎样测量认知负荷。以下我们从测量工具和认知负荷结构这两个角度来阐述。

从认知负荷理论产生到现在，对于它的测量工具的研究和讨论一直是这个领域的热门研究方向之一。我们必须承认测量认知负荷的工具可谓五花八门，但总的来说分为三大类：主观自我报告、双重任务和生理测量工具。主观的自我报告方式通常使用量表的形式，通过让学习者回忆他们的学习经验并对相应的测试题目做出选择，来反映他们感觉到的认知负荷。这种方式因为其简单易实施而被这个领域的研究人员广为采用。不过，和其他的自我报告一样，这种测量方式建立在"学习者能够回顾自己的认知过程并且反映在数值量表上"这一假设上(Gopher & Braune, 1984)，因此具有一定的局限性。目前比较流行的自我报告测量工具主要是 NASA - TLX（Hart，Staveland，1988)和难度(Paas & Merrienboer, 1994b)。一般来说，研究人员根据各自的实验和涉及的学习内容，对这些量表进行适当的修改然后再用于实验中。双重任务的测量方法是在实验任务（即学习任务）以外，设置一个和学习实验无关而又比较简单的二级任务，比如当看到计算机屏幕下端出现某个单词时按键盘上的空格键。由于人的工作记忆容量是有限的,通过学习者在二级任务上的表现(如错误率和反应时间等)来推测学习者在处理主要学习任务时的认知负荷水平。Brünken, Plass 和 Leutner(2004)以及 Brünken, Steinbacher, Plass 和 Leutner(2002)采用了双重任务的测量方法,测量了学习者在学习多媒体材料时的认知负荷,研究结果验证了他们预期的认知负荷的结构。但是,双重任务测量认知负荷的方法在认知负荷领域和多媒体学习领域的研究中并不常见。原因在于:(1)整个实验的开发特别是开发两个实验任务比较耗时;(2)由于二级任务既不能和主要任务有关,又需要简单,因此选择合适的二级任务比较困难。随着科技的日新月异,越来越精密的设备被设计和开发出来,随之而来的是生理测量越来越精密和准确,然而价格却越来越便宜。近年来,认知负荷的记忆多媒体学习领域的研究人员引入眼动技术,通过观察学习者在学习过程中的眼球运动,来推测认知负荷的水平(Mayer, 2010)。但是,眼动指标和眼动参数有很多,而不同的研究人员都根据自身理解和需要,运用不同的眼动指标和参数来反映不同类型的认知负荷,甚至不同的研究人员运用了相同的眼动指标和参数,却各自将这些指标和参数对应到了不同类型的认知负荷上。因此,眼动指标和参数与不同类型的认知负荷之间的对应仍然需要进一步研究。

认知负荷的结构这个问题的模糊以及理论对于概念的定义解释的变化,也给研究人员测量认知负荷带来了困难。如果认为认知负荷不是一个单一的结构,而是多维度的结构,那么,就不能测量"认知负荷",而应该测量各种不同类型的认知负荷。研究人员试图找到能够对应到不同类型认知负荷进行测量的工具(例如,Gerjets, Scheiter & Catrambone, 2004, 2006)。但是累积的实验的结果显示,很难找到很好的测量工具去对应不同类型的认知负荷。回顾从"三元论"到"一元论"到"二元论",认知负荷理论的不断发展,理论所阐述的概念的变化,也使得测量认知负荷变得困难。

测量工具和认知负荷结构这两个方面的问题,使得认知负荷的测量既成为该领域几十年来研究的热点课题,也成为该领域长期以来的一道难题,为此有学者批评其缺乏科学性(de Jong, 2010)。因此,认知负荷理论要继续发展,研究人员和理论家就必须及早解决认知负荷的测量问题,仅仅停留在"通过实验控制某种类型的认知负荷、从总体认知负荷来推测具体某一类认知负荷的变化"这一层面是不够的。

未来认知负荷的发展,还需要能够充分地解释目前文献中不一致的实验结果。认知负荷理论将认知心理学与教学设计相结合。它和一系列由实验验证过的教学原理和效应联系在一起,例如注意力分离效应和样例效应。但是,从文献中可以反映出来,以认知负荷理论为理论框架、验证一系列教学原理和效应的实验，累积的实验结果并不一致。几十年的文献显示，对应于某一个基于认知负荷理论的教学原理（例如视觉线索效应 visual cueing effect），不同学习领域的实验得出了不同的实验结果——比如有的实验发现视觉线索促进了学习和认知（Atkinson，Lin & Harrison，2009；de Koning，Tabbers，Rikers & Paas，2007；Lin & Atkinson，2011），而有的实验却发现视觉线索对学习和认知没有积极效应（Jeung，Chandler & Sweller，1997）。虽然研究人员在论文中都做了充分的解释和讨论，但是认知负荷理论并不能很好地解释这些不一致的实验现象和结果。这样的现状促使了该领域的研究人员继续进行实验和研究，但是也影响了认知负荷理论更大的发展。我们在此提出两个解决的办法：（1）继续修正理论，将学习领域的不同、学习者已有的知识、情感、原认知等因素包含进认知负荷理论中；（2）研究人员应该不断完善实验设计，控制和排除可能影响实验结果的因素和变量。

结　语

认知负荷理论自 20 世纪 80 年代末 90 年代初形成以来，不仅形成了自己独立的研究领域，还影响了诸如教育技术、教育心理、认知心理等研究领域。它将人的认知建构和教学设计相结合，指导了教师、教学设计和开发人员的实际工作。理论家和研究人员不懈努力，推动认知负荷理论不断发展，使得理论的概念越来越清晰，也使得理论能够解释现有的实验现象。本文回顾了认知负荷理论的发展过程，阐述和总结了该理论发展中需要解决的问题，以及将来的研究方向，希望对相关研究人员有所启发。

参考文献

Atkinson, R. K. , Lin, L. , & Harrison, C. （2009）. Comparing the efficacy of different signaling techniques. *Proceedings of World Conference on Educational Multimedia*, *Hypermedia and Telecommunications 2009* （pp. 954 - 962）. Chesapeake, VA: AACE.

Ayres, P. & Sweller, J. （2005）. The split-attention principle in multimedia learning. In R. E. Mayer （Ed. ）, *The Cambridge handbook of multimedia learning*. （pp. 135 - 146）. New York, NY, US: Cambridge University Press.

Brünken, R. , Plass, J. L. , & Leutner, D. （2004）. Assessment of cognitive load in multimedia learning with dual-task methodology: Auditory load and modality effects. *Instructional Science*, *32*(1 - 2),115 - 132.

Brünken, R. , Steinbacher, S. , Plass, J. L. , & Leutner, D. (2002). Assessment of cognitive load in multimedia learning using dual-task methodology. *Experimental Psychology*, *49*(2), 109 - 109.

de Jong, T. (2010). Cognitive load theory, educational research, and instructional design: Some food for thought, *Instructional Science*, *38*,105 - 134.

de Koning, B. B. , Tabbers, H. K. , Rikers, R. M. J. P. , & Paas, F. (2007). Attention cueing as a means to enhance learning from an animation. *Applied Cognitive Psychology*. *21* (6),731 - 746.

DeLeeuw, K. E. , & Mayer, R. E. (2008). A comparison of three measures of cognitive load: Evidence for separable measures of intrinsic, extraneous, and germane load. *Journal of Educational Psychology*, *100*(1),223 - 223.

Gerjets, P. , Scheiter, K. , & Catrambone, R. (2004). Designing instructional examples to reduce intrinsic cognitive load: Molar versus modular presentation of solution procedures. *Instructional Science*, *32*(1 - 2),33 - 58.

Gerjets, P. , Scheiter, K. , & Catrambone, R. (2006). Can learning from molar and modular worked examples be enhanced by providing instructional explanations and prompting self-explanations? *Learning and Instruction*, *16*(2),104 - 121.

Gopher, D. , & Braune, R. (1984). On the psychophysics of workload: why bother with subjective measures? *Human Factors*, *26*,519 - 532.

Hart, S. G. , & Staveland, L. E. (1988). Development of NASA - TLX (task load index): Results of experimental and theoretical research. In P. A. Hancock & N. Meshkati (Eds.), *Human mental workload* (pp. 139 - 183). Amsterdam: North-Holland.

Jeung, H. , Chandler, P. , & Sweller, J. (1997). The role of visual indicators in dual sensory mode instruction. *Educational Psychology*, *17*(3),329 - 343.

Kalyuga, S. (2011). Cognitive load theory: How many types of load does it really need? *Educational Psychology Review*, *23*,1 - 19.

Lin, L. , & Atkinson, R. K. (2011). Using animations and visual cueing to support learning of scientific concepts and processes. *Computers & Education*, *56*(3),650 - 658.

Mayer, R. E. (2010). Unique contributions of eye-tracking research to the study of learning with graphics. *Learning and Instruction*, *20*(2),167 - 171.

Paas, F. G. W. C. & van Merrienboer, J. J. G. , (1994a). Instructional control of cognitive load in the training of complex cognitive tasks. *Educational Psychology Review*, *6*, 351 - 371.

Paas, F. , van Merrienboer, J. J. G. , & Adam, J. J. (1994b). Measurement of cognitive load in instructional research. *Perceptual and Motor Skills*, *79*, 419 - 430.

Renkl, A. , & Atkinson, R. K. (1998). Structuring the transition from example study to problem solving in cognitive skills acquisition. *Educational Psychologist*, *38*,63 - 71.

Schnotz, W. , & Kurschner, C. (2007). A reconsideration of cognitive load theory. *Educational Psychology Review*, *19*(4),469 - 508.

Sweller, J. (1988). Cognitive load during problem solving: Effects on learning. *Cognitive*

Science，*12*，257 – 285.

Sweller，J. （1994）. Cognitive load theory，learning difficulty，and instructional design. *Learning and Instruction*，*4*(4)，295 – 312.

Sweller，J. （2010）. Element interactivity and intrinsic，extraneous，and germane cognitive load. *Educational Psychology Review*，*22*(2)，123 – 138.

Sweller，J.，van Merrienboer，J. J. G.，& Paas，F. G. W. C. (1998). Cognitive architecture and instructional design. *Educational Psychology Review*，*10*(3)，251 – 296.

第三章　使用图像促进学习

　　西方有句俗话说"一张图片值一千个字"。自计算机技术革命以来,诸如静态图像、动画和视频这些不同形式的图像已经被应用于教育实践中。但是,教师和其他教育工作者常常在没有弄清楚设计原理的情况下进行教育图像的设计和开发。其中的很多人不清楚图像能促进学习的潜在认知机制。本章将介绍相应的理论框架,并基于解释图像对于学习促进作用的实证研究提出对教育教学的建议。

理 论 框 架

　　多媒体学习认知理论是在实证研究和之前的认知与学习理论的基础上提出来的,它为解释人在通过图像学习时的认知加工过程作出了很大的贡献。该理论认为,学习者通过双通道在其工作记忆中加工信息,一个是视觉通道,另一个是听觉通道。视觉通道负责加工印刷文字和插图、通过计算机屏幕呈现的问题、动画以及其他视觉信息;而听觉通道负责加工教师声音讲解、背景音乐以及其他音频信息。由于工作记忆容量有限,每个通道只能加工有限的信息。因此,向学习者呈现视觉和听觉两种形式的信息,可以优化每个通道内的信息加工,因为这样的信息呈现方式符合人们已有的认知加工体系,不会造成一个通道内的信息超负荷。在基于数字技术的学习环境中,教学材料以图像和声音文字的形式呈现时,学习者需要从进入双通道的图像和声音文字中选择信息,然后将这些被选取的信息组织起来,使得它们对学习者有意义。之后,学习者通过在不同的表征间建立联系来整合这些表征。在这个过程中,学习者还将这些表征和已有知识整合在一起,最后把所有这些都保存到长时记忆中。这就是利用声音文字和图像来促进学习的潜在机制,这样的机制也促进了学与教的过程中多媒体呈现方式的使用。一些学者最近将动机、情感和元认知加入到这个认知过程中来一并考虑（Brünken，Plass & Moreno，2010；Moreno，2009）。具体来说，有些研究人员认为，动机通过影响认知投入来影响学习，起到了中介的作用（Moreno，Mayer，Spires & Lester，2001；Park，Moreno，Seufert & Brünken，2011），而元认知通过管理认知和情感过程来影响学习，也起到了中介的作用（Park，Plass & Brünken，2014）。

认知负荷理论是指导怎样加工图像等多媒体信息的另一个有关学与教的理论框架（Paas，Renkl & Sweller，2003；Sweller，van Merrienboer & Paas，1998；Schnotz & Kurschner，2007）。认知负荷是指加于学习者的工作记忆负荷。外在认知负荷、内在认知负荷和关联认知负荷是认知负荷的三个亚成分。内在认知负荷是由学习材料内在的自然属性决定的，并且还取决于学习者已有的知识水平。外在认知负荷是由不恰当的教学设计造成的、和学习无关的认知资源。关联认知负荷是那些用于学习的认知资源。认知负荷理论将人的内在认知加工和由教学设计决定的外在信息呈现关联起来。文献显示，目前已有相当数量的有关实证研究是如何设计教学来整合不同形式的信息，并促进学与教的研究和实践的。以下的部分将讨论这些文献，并基于这些实证依据提供实践指导。

动画和静态图像

随着技术的发展，特别是计算机技术的快速发展，动态图像对于教育从业者来说变得唾手可得。早在 20 世纪 90 年代，一些实证研究就显示，动画比静态图像更能促进学习（Baek & Layne，1988；Rieber，1990，1991；Park & Gittelman，1992）。例如，Rieber 在 90 年代进行了一系列的研究来比较动态图像对于小学生学习科学概念的作用。他的那些研究结果都显示，动画比静态图像更能促进小学生的科学学习。另外，他还发现，动画除了学习方面的好处外，还能提高小学生学习的动机。

Tversky，Morrison 和 Betrancourt 于 2002 年发表了一篇综述。在其中，他们审阅了早期的相关研究并指出，那些将动画和静态图像比较然后得出动画有效的研究结论都不那么令人信服，因为在那些研究中，动画实验条件里呈现了更多的信息。相反，如果控制动画实验条件和静态图像实验条件呈现的信息量，研究的结果和结论就可能会不一样了。例如，Zhu 和 Grabowski（2006）比较了一个静态图像实验条件和两个不同的动画实验条件。在这三个实验条件中，被用来呈现人心脏的图像和教学录音被很好地控制了。该研究的结果显示，静态图像和动态图像在对学习的影响上没有显著差异。其他研究人员的研究也得到了类似的结果。例如，Mayer 等研究人员（Mayer，Hegarty，Mayer & Campbell，2005）比较了纸质的静态插图和基于计算机的动画，他们发现，两者效果差不多，甚至纸质插图有时候比计算机动画更好。

尽管 Hoffler 和 Leutner（2007）的元分析研究发现，总体来说，动画对学习有支持作用，但是，目前的文献在这一问题上还是呈现出不一致的结果，有些研究的结果显示动画对学习有积极作用（Lin & Atkinson，2011；Marcus，Cleary，Wong & Ayres，2013；Wong，Leahy，Marcus & Sweller，2012），而另一些研究却显示动画对学习没有积极作用（Imhof，Scheiter & Gerjets，2011；Kühl，Scheiter，Gerjets & Gemballa，2011；Lin & Dwyer，2010）。

当然，也有文献显示，某些因素可能造成了图像对学习的效应不同。第一，某一类型的图像的作用大小可能取决于具体的学习领域或者具体的学习任务。大部分的研究所关注的点都集中在物理、数学、生物和工程等结构良好的领域，很少量的研究聚焦于结构不良的领域，例如第二语言的学习等。使用图像对学习的效应可能在某些领域比较明显，而在另一些领域则不明显。例如，有些研究表明，动态图像对于学习程序性知识非常有效（Arguel & Jamet，2009；Ayres，Marcus，Chan & Qian，2009；Marcus et al.，2013；Wong et al.，2012）。当然，研究人员还是需要更多的实证研究来支撑以上的观点。有些研究人员将这种现象归于人大脑中的镜像神经系统的积极作用的缘故（van Gog，Paas，Marcus，Ayres & Sweller，2009）。当学习者在观看动画的时候，大脑中的镜像神经系统就会被激活，因此，他/她通过动画学习程序性知识就会像其通过观察他人学习一样。

第二，图像并不能让学习者自发地投入到学习中，它可能转瞬即逝，以至于学习者需要在头脑中保持前面呈现的信息的同时来加工动画当前呈现的信息。这样的前后时间序列的保持信息可能会将外在认知负荷加在学习者的工作记忆上，从而造成他们学习不佳（Lowe，1999）。另外，学习者可能仅仅通过观看教学中的各种图像来学习，这样的认知加工方式是被动的（Chi，2009；Chi & Wylie，2014）。为了让学习者投入到主动学习中，教育者需要为学习者在学习环境中提供支持，以帮助他们通过图像来学习。

支持通过图像学习的技术手段

技术使得教学设计和开发人员可以在学习环境中加入精细化的、吸引人的元素，以此来实现通过图像学习。下面将讨论技术是怎样支持通过图像学习的。

图像本身是通过技术创造出来的，例如通过相机、Photoshop 等。因此，通过使用技术来增加图像的质量和细节能够使得图像更好地反映这个真实的世界。这被称为图像的逼真性（Rieber，1994）。有些研究人员认为逼真的图像能够提供真实的学习情境，并促进学习者对真实物体的认识（Dwyer，1976；Goldstone & Son，2005）。另外，高逼真度的图像还可以刺激学习者进行类比加工过程，使他们能够进行一定的推理（Schwartz，1995）。这些都是它的益处。但是，对于已有知识或者经验很少或者几乎没有的学习者来说，高逼真度的图像里包含的大量细节会给他们加工图像信息造成困难，使得他们的内在认知负荷增加。有些逼真的图像细节可能很显眼，但是却和学习无关。它们可能会将学习者有限的注意力从重要的学习信息吸引开，从而造成大量的外在认知负荷（Harp & Mayer，1998）。因此，一些研究人员支持使用简单的线条状图像，而不是那些复杂的逼真图像（Scheiter，Gerjets，Huk，Imhof，& Kammerer，2009；Tversky et al.，2002）。

由于实证研究显示逼真度无法显著影响学习，而且一般来说，图像逼真度的恰当与否和教学目标以及受众有关，研究人员建议教育者和教学设计人员在教学设计和开发之前，能够先进行全面的自我分析再做决定。首先，他们应该问自己，教学目标和他们计划使用的图像是否相符，受众和他们计划使用的图像是否相配。如果答案是肯定的，他们就应该按教学设计在教学和项目开发中使用图像。如果答案是否定的，他们就应该增加或者降低图像的逼真度，以便来帮助学习者学习。

在实践中，在学与教的过程中使用逼真度很高的图像似乎很容易了，因为人们可以很容易地从数码设备或者软件中获得一张图片、一段动画或者一段视频。为了促进学习者加工复杂的图像，研究人员提出使用视觉线索这种手段（de Koning，Tabbers，Rikers & Paas，2009）。通过技术来实施的视觉线索可以提示复杂图像上重要内容的信息，并且不需要增加额外的内容。这种由实证研究证明的教学设计手段被称为视觉线索效应（Mayer，2005b；Mayer & Moreno，2003）。Lin 等研究人员开展了一项关于视觉线索的研究，他们使用箭头来引导学习者在交互多媒体学习环境中的注意力，使学习者可以方便地从有关人体心脏血液循环的图像中学习知识。研究结果显示出该视觉线索对学习的积极作用。除此之外,其他研究人员的实证研究也揭示了类似的研究结果(Boucheix, Lowe, Putri & Groff, 2013；de Koning & Tabbers, 2013；Imhof, Scheiter, Edelmann & Gerjets, 2013；Lin & Atkinson, 2011；Nelson, Kim, Foshee & Slack, 2014)。

教育者和教学设计人员应该在引导学习者注意力的情况下恰当地使用视觉线索。记住,有些时候,视觉线索需要顺序呈现,并且应该注意不要使用过多(Lin et al., 2014)。因此,教育者和教学设计人员务必要保证视觉线索以恰当的顺序出现。另外,视觉线索的颜色应该和图像的颜色形成对比,视觉线索的大小应该和图像的大小相对应(不要太大或者太小)。

学习代理人是嵌入学习环境中为学习者提供言语和非言语信息的虚拟人物。学习者通过和学习代理人的交互,学习者的学习动机可能会增加,使得他们积极投入到加工不同外部信息的过程中,使得关联认知负荷增加,从而最终帮助他们在图像和言语文字间建立联系。Schroeder, Adesope 和 Gilbert(2013)进行了一项元分析研究,基于此,他们认为,虽然学习代理人对学习的积极效应很小,而且会受到一些情境因素和研究方法的影响,但是总的来说,学习代理人能够有效促进学习。Lin et al. (2013)进行了一项研究,他们设计了一个学习代理人,让它对学习者练习题的作答提供反馈。他们发现,当学习代理人提供精细化的回馈的情况下可以促进学习者对物理概念和过程的理解。但是,在计算机学习环境中未嵌入学习代理人的情况下,无论是简单的教学回馈还是精细化的回馈,都对学习者的学习、认知负荷和内在动机无显著影响。值得注意的是,学习代理人本身的设计和开发包含了很多元素和特征,例如性别(Ozogul, Johnson, Atkinson & Reisslein, 2013)、声音(Atkinson, Mayer & Merrill, 2005)、礼貌(McLaren, DeLeeuw & Mayer, 2011；Wang et al., 2008)等。这些设计元素都可能会影响到学习者的认知加工过程。因此,学习代理人的设计和开发需要细致的受众分析和任务分析,以便于它能符合不同学习者的需求。

支持通过图像学习的认知手段

除了技术手段以外,教学设计人员和开发者还应该考虑认知策略,以便帮助学习者从图像中获得知识和技能。以下将讨论自我解释和提供教学反馈在基于计算机的学习环境中的作用。

　　自我解释是一个不限于某个领域的活动和认知策略。通过自我解释，学习者把他们学习过的内容解释给自己听，以便于他们对自己的知识的理解进行监控（Chi，2000；Chi，DeLeeuw，Chiu & LaVancher，1994）。自我解释需要学习者进行推断，将不同的信息进行整合，监控并修正错误概念，通过这样的积极认知加工来建构知识（Roy & Chi，2005）。因此，在学习者通过图像进行学习的时候，自我解释能够帮助他们进行知识的建构。一些实证研究显示了自我解释的积极作用。例如 de Koning 等研究人员研究了有视觉线索的动画和没有视觉线索的动画和自我解释结合时对学习心脏血液循环知识的潜在促进作用。他们发现，当学习者一边观看有视觉线索的动画，一边进行自我解释的情况下，他们在新知识的推断和学习迁移这两方面比其他没有使用自我解释或者视觉线索动画的学习者表现更好。Roy 和 Chi 对多媒体学习环境中自我解释的相关研究进行了综述。他们研究发现，在多媒体学习环境和仅有图表的学习环境中，学习者进行自我解释的频率要比仅有文字的学习环境中的频率要高。这样的结果从认知负荷角度可以这样来解释，尽管自我解释十分耗费认知资源，但是由它引起的认知加工耗费的认知资源属于关联认知负荷，对学习有重要的作用。

　　通常，自我解释是通过提示问题来引起的，这会对学习者通过图像学习有潜在的促进作用。Hegarty 等研究人员进行了一项实验，他们让研究参与者大声回答一系列的问题，这些问题旨在让研究参与者在观看了静态图像以后，对一个机械系统的运作方式进行预测。研究人员将这些研究志愿者的言语回答（自我解释）记录了下来并进行了评分。他们的研究结果显示，这样的预测提示问题促进了学习者对于机械运作方式的理解。Lin 和 Atkinson 也进行了类似的研究，在他们的实验中，学习者在通过图像学习人心脏血液循环的过程中，将自我解释以文字的形式输出。他们的研究发现，提示学习者在基于计算机的学习环境中进行自我解释，不仅可以促进他们学习，还能提高他们自我解释的质量。这进一步说明，除了学习上的益处外，自我解释还能使学习者不断监控自身的理解并重新建构知识。

　　教育者和教学设计人员应该考虑将自我解释整合到教学产品中。以下是教育者在课堂环境中可以进行的设计。例如，根据教室中计算机的数量，教师可以在课堂里播放图像让学生集体观看，或者让学生在计算机端独立观看。教师可以事先确定在何时停下来让学生进行自我解释，在这个过程中暂停播放，并利用提示问题让学生进行自我解释。自我解释的形式可以是书面形式，也可以让学生大声自我报告。

当为学习者独立学习开发基于计算机的学习环境的时候，教学设计人员需要在项目设计和开发阶段保证学习者有自我解释的机会。通常，根据教学目标，一个基于计算机的学习环境包含让学习者/用户所需要获得的学习信息。除了这类信息以外，基于计算机的学习环境还应该包含提示学生的问题、提供让他们进行自我解释的方法以及让他们对自己的作答进行自我评估。无论自我解释是应用在课堂情境中还是用于学习者的自主学习，反馈对于促进学生学习都十分有必要。

反馈是传递给学习者信息，以帮助他/她修正自己的想法或者行为以达到促进学习的目的的一种形式（Shute，2008，p. 154）。Sullivan 和 Higgins（1983）认为反馈是有效教学设计中重要的元素之一。在呈现不同形式图像的基于计算机的学习环境中，学习者在和学习环境交互的时候需要得到反馈。在教学中提供学习者反馈能够给予他们改正自己学习错误概念的机会。文献中有几种类型的教学反馈。例如，根据反馈中包含的信息量的多少，可以将反馈分为简单反馈和精细化反馈（Bangert-Drowns，Kulik，Kulic & Morgan，1991）。简单反馈旨在让学习者知道他们的作答是否正确，精细化反馈除了给予学习者对错的确认以外，还额外提供解释。一些实证研究已经涉及了基于计算机的学习环境中反馈的有效性这个问题（Narciss & Huth，2006；Pridemore & Klein，1991）。这其中尤其值得注意的是学习代理人提供教学反馈的研究（Lin et al.，2013；Moreno，2004；Moreno & Mayer，2005）显示，在多媒体学习环境中，学习代理人向学习者提供精细化的反馈可以促进他们从动画中获得知识。Moreno（2004）进行了两项实验，她要求大学生通过与学习代理人交互来学习怎样"设计"一种植物，使得它能在不同的天气条件下存活。实验结果表明，学习代理人提供精细化反馈能够让学习者的学习迁移成绩更好。

反馈也可以根据它是否具有自适应性（Conati & Manske，2009）、是言语形式还是文字形式（Fiorella，Vogel-Walcutt & Schatz，2012）、是即时的反馈还是延迟的反馈（Mory，2004；Schroth，1992）来进行进一步的分类。例如，Fiorella 等研究人员比较了在一个仿真培训环境中反馈形式对决策制定的影响。这些仿真是用来培训学习者进行军事流程练习的，例如获取最近的敌人坐标并开火。在学员做出一个不正确的决定时（例如获得了一个友军的坐标），反馈以音频或者图像的形式提供给学员。研究人员发现，那些被分配到接受音频形式的反馈的学员在决策上的表现比那些接受图像形式反馈的学员更好。总之，对于教学设计人员来说，将教学反馈、图像和其他教学元素整合在一起并将它们提供给一个特定的学习群体，是会促进学习者的学习的。

支持通过图像学习的动机、元认知以及情感手段

除了认知策略以外，在通过图像来学习的过程中，教学设计和开发也应该考虑动机、元认知以及情感。

从理论上看，动机、元认知和情感在多媒体学习中是中介变量：动机影响认知投入，元认知调节认知和情感过程（Park et al.，2014；Moreno，2009）。最近的实证研究为人们理解这三者的效应提供了更多的依据。Lin等研究人员探索了在多媒体学习环境中视觉线索对学习、认知负荷和内在动机的效应。他们发现，视觉线索不但对学习有直接的、积极的效应，而且还间接地调节了学习、认知负荷以及内在动机之间的关系。具体来说，当动画未使用任何视觉线索时，认知负荷消极预测了学习，而当视觉线索被应用到动画中时，内在动机积极预测了学习。D'Mello，Lehman，Pekrun和Graesser（2014）进行了两项实验，他们尝试通过学习代理人来呈现矛盾，以此来引起学习者的困惑。在第一个实验中，学习代理人作为教学辅导员出现，而在第二个实验中，学习代理人以学习者同伴的身份出现。研究人员发现，如果学习者由于矛盾而产生困惑，那么他们在后测和迁移测试上表现更好。这说明有些时候困惑可以促进学习。困惑作为一种情感和情绪（Keltner & Shiota，2003；Rozin & Cohen，2003），这些研究为当代人理解困惑作出了贡献。Plass等研究人员在2011年和2014年发表了他们的研究成果，这其中他们设计和开发使用情感设计策略的教学方案，这些情感设计包括使用情感陈述和不同的形状颜色来体现。他们发现，像人脸一样的圆形和暖色可以促进学习者的积极情绪。他们还发现，学习者被激起积极情绪后会感到学习没有那么难了。

研究人员在包含图像的智能教学辅导系统中已经研究了元认知技能的作用。Chi和VanLehn使用了两个智能教学辅导系统来教学习者在概率和物理方面的问题解决。他们发现那些缺乏元认知技能的学习者在解决问题的时候聚焦于领域中原理的特征，而那些具有一定元认知技能的学习者却使用了其他策略来解决问题。另外还有一些研究人员通过一系列实验来评估一个智能教学辅导系统。在这个系统中，有一个智能教学辅导员被用来指导学习者将问题分为很小的步骤。研究结果显示，这样的智能教学辅导系统是能有效促进学习的。

以上是对于动机、元认知和情感对基于图像的认知加工影响的简要综述。目前，

实证研究已经对各种技术和策略的有效性进行了研究,例如视觉线索(Lin et al.,2014)、智能教学辅导系统(Zhang et al.,2014)以及脑电交互技术(Gonzalez-Sanchez et al.,2013),但是,动机、元认知和情感对于通过图像学习的具体影响还需要更多的实证依据的支持。

结　　论

基于以上文献,本章介绍了理论框架,讨论了动态图像和静态图像的有效性,以及支持通过图像学习的技术策略、认知策略和其他策略。教师和教学设计人员在设计和开发教学的时候需要意识到,这些技术和策略是有效的潜在手段。教学设计应该尽量将无关的认知加工降到最低,并将重要的认知加工最大化;教学设计还应该吸引学习者,帮助他们监控他们自己的认知加工。值得注意的是,很多时候,某种教学策略或者技术并不是独立于其他手段和策略的,有些策略和技术需要互相结合:例如学习代理人可能需要向学习者提供具体的反馈,而同时学习代理人的面部表情可能会引发学习者的情感。教育从业人员应该清楚,没有哪种策略是永远有效的。有效的学习环境设计和开发需要教师和教学设计人员进行必要的需求分析、学习分析以及其他分析,还需要在设计过程中进行形成性评估。

参考文献

Atkinson, R. K., Mayer, R. E., & Merrill, M. M. (2005). Fostering social agency in multimedia learning: Examining the impact of an animated agent's voice. *Contemporary Educational Psychology*, 30(1), 117 - 139.

Arguel, A., & Jamet, E. (2009). Using video and static pictures to improve learning of procedural contents. *Computers in Human Behavior*, 25, 354 - 359.

Ayres, P., Marcus, N., Chan, C., & Qian, N. (2009). Learning hand manipulative tasks: When instructional animations are superior to equivalent static representations. *Computers in Human Behavior*, 25, 348 - 353.

Baek, Y. K. & Layne, B. H. (1988). Color, graphics, and animation in a computer-assisted learning tutorial lesson. *Journal of Computer-Based Instruction*, 15, 131 - 135.

Bangert-Drowns, R., Kulik, C., Kulic, J., & Morgan, M. (1991). The instructional effect of feedback in test-like events. *Review of Educational Research*, 61, 213 - 238.

Boucheix, J. M., Lowe, R. K., Putri, D. K., & Groff, J. (2013). Cueing animations: Dynamic signaling aids information extraction and comprehension. *Learning and Instruction*,

25,71 - 84.

Brünken, R. , Plass, J. , & Moreno, R. (2010). Current issues and open questions in cognitive load research. In J. Plass, R. Moreno, & R. Brünken (Eds.), *Cognitive load theory* (pp. 253 - 272). New York: Cambridge University Press.

Chi, M. T. H. (2000). Self-explaining expository texts: The dual processes of generating inference and repairing mental models. In R. Glaser (Ed.), *Advances in Instructional Psychology*, (pp. 161 - 238). Mahwah, NJ, US: Lawrence Erlbaum Associates Publishers.

Chi, M. T. H. (2009). Active-constructive-interactive: A conceptual framework for differentiating learning activities. *Topics in Cognitive Science*, 1,73 - 105.

Chi, M. T. H. , & Wylie, R. (2014). ICAP: A hypothesis of differentiated learning effectiveness for four modes of engagement activities. *Educational Psychologist*. In press.

Chi, M. T. H. , DeLeeuw, N. , Chiu, M. H. , & LaVancher, C. (1994). Eliciting self-explanations improves understanding. *Cognitive Science*, 18,439 - 477.

Chi, M. T. H. , & VanLehn, K. (2010). Meta-Cognitive Strategy Instruction in Intelligent Tutoring Systems: How, When, and Why. *Educational Technology & Society*, 13,25 - 39.

Conati, C. , & Manske, M. (2009). Evaluating adaptive feedback in an educational computer game. In Z. Ruttkay, M. Kipp, A. Nijholt, & H. H. Vilhjálmsson (Eds.), *Intelligent virtual agents* (pp. 146 - 158). Berlin Heidelberg: Springer.

de Koning, B. B. , & Tabbers, H. (2013). Gestures in instructional animations: A helping hand to understanding non-human movements? *Applied Cognitive Psychology*, 27, 683 - 689.

de Koning, B. B. , Tabbers, H. , Rikers, R. M. J. P. , & Paas, F. (2009). Towards a framework for attention cueing in instructional animations: Guidelines for research and design. *Educational Psychology Review*, 21(2),113 - 140.

de Koning, B. B. , Tabbers, H. K. , Rikers, R. M. J. P. , & Paas, F. (2010). Improved effectiveness of cueing by self-explanations when learning from a complex animation. *Applied Cognitive Psychology*, 25,183 - 194.

D'Mello, S. , Lehman, B. , Pekrun, P. , & Graesser, A. (2014). Confusion can be beneficial for learning. *Learning and Instruction*, 29,153 - 170.

Dwyer, F. M. (1976). Adapting media attributes for effective learning. *Educational Technology*, 16,7 - 13.

Fiorella, L. , Vogel-Walcutt, J. J. , & Schatz, S. (2012). Applying the modality principle to real-time feedback and the acquisition of higher-order cognitive skills. *Educational Technology Research & Development*, 60,223 - 238.

Goldstone, R. L. , & Son, J. Y. (2005). The transfer of scientific principles using concrete and idealized simulations. *The Journal of the Learning Sciences*, 14,69 - 110.

Gonzalez-Sanchez, J. , Chavez-Echeagaray, M. E. , Lin, L. , Baydogan, M. , Christopherson, R. , Gibson, D. , & Atkinson, R. K. (2013). A Comparison of Strategies for Emotion Recognition in Learning Scenarios: Matching BCI-based Values and Face-Based Values. *13th IEEE International Conference on Advanced Learning Technologies*, Beijing, China.

Harp, S. F. , & Mayer, R. E. (1998). How seductive details do their damage: A theory of cognitive interest in science learning. *Journal of Educational Psychology*, *90*(3),414 - 434.

Hegarty, M. , Kriz, S. , & Cate, C. (2003). The roles of mental animations and external animations in understanding mechanical systems. *Cognition and Instruction*, *21* (4), 325 - 360.

Hoffler, T. N. , & Leutner, D. (2007). Instructional animation versus static pictures: A meta-analysis. *Learning and Instruction*, *17*(6),722 - 738.

Imhof, B. , Scheiter, K. , Edelmann, J. , & Gerjets, P. (2013). Learning about locomotion patterns: Effective use of multiple pictures and motion-indicating arrows. *Computers & Education*, *65*,45 - 55.

Imhof, B. , Scheiter, K. , & Gerjets, P. (2011). Learning about locomotion patterns from visualizations: Effects of presentation format and realism. *Computers & Education*, *57*, 1961 - 1970.

Keltner, D. , & Shiota, M. (2003). New displays and new emotions: a commentary on Rozin and Cohen (2003). *Emotion*, *3*,86 - 91.

Kühl, T. , Scheiter, K. , Gerjets, P. , & Gemballa, S. (2011). Can differences in learning strategies explain the benefits of learning from static and dynamic visualizations? *Computers & Education*, *56*(1),176 - 187.

Lin, H. , & Dwyer, F. M. (2010). The effect of static and animated visualization: A perspective of instructional effectiveness and efficiency. *Educational Technology Research & Development*, *58*(2),155 - 174.

Lin, L. , & Atkinson, R. K. (2011). Using animations and visual cueing to support learning of scientific concepts and processes. *Computers & Education*, *56*(3),650 - 658.

Lin, L. , & Atkinson, R. K. (2013). Enhancing learning from different visualizations by self-explanations prompts. *Journal of Educational Computing Research*, *49*(1),83 - 110.

Lin, L. , Atkinson, R. K. , Christopherson, R. M. , Joseph, S. S. , & Harrison, C. J. (2013). Animated agents and learning: Does the type of verbal feedback they provide matter? *Computers & Education*, *67*,239 - 249.

Lin, L. , Atkinson, R. K. , Savenye, W. C. , & Nelson, B. C. (2014). The effects of visual cues and self-explanation prompts: Empirical evidence in a multimedia environment. *Interactive Learning Environments*. Accepted.

Lowe, R. K. (1999). Extracting information from an animation during complex visual learning. *European Journal of Psychology of Education*, *14*,225 - 244.

Marcus, N. , Cleary, B. , Wong, A. , & Ayres, P. (2013). Should hand actions be observed when learning hand motor skills from instructional animations? *Computers in Human Behavior*, *29*,2172 - 2178.

Mayer, R. E. (2005a). Cognitive theory of multimedia learning. In R. E. Mayer (Ed.), *The Cambridge handbook of multimedia learning*. (pp. 31 - 48). New York, NY, US: Cambridge University Press.

Mayer, R. E. (2005b). Principles for reducing extraneous processing in multimedia learning:

Coherence, signaling, redundancy, spatial contiguity, and temporal contiguity principles. In R. E. Mayer (Ed.), *The Cambridge handbook of multimedia learning*. (pp. 183 - 200). New York, NY, US: Cambridge University Press.

Mayer, R. E., Hegarty, M., Mayer, S., & Campbell, J. D. (2005). When static media promote active learning. *Journal of Experimental Psychology: Applied*, 11,256 - 265.

Mayer, R. E., & Moreno, R. (2003). Nine ways to reduce cognitive load in multimedia learning. *Educational Psychologist*, 38(1),43 - 52.

McLaren, B. M., DeLeeuw, K. E., & Mayer, R. E. (2011). A politeness effect in learning with web-based intelligent tutors. *International Journal of Human-computer Studies*, 69, 70 - 79.

Michas, I. C., & Berry, D. C. (2000). Learning a procedural task: effectiveness of multimedia presentations. *Applied Cognitive Psychology*, 14,555 - 575.

Miller, G. A. (1956). The magic number seven, plus or minus two: Some limits on our capacity for processing information. *Psychological Review*, 63,81 - 97.

Moreno, R. (2004). Decreasing cognitive load for novice students: Effects of explanatory versus corrective feedback in discovery-based multimedia. *Instructional Science*, 32,99 - 113.

Moreno, R. (2009). Learning from animated classroom exemplars: the case for guiding student teachers' observations with metacognitive prompts. *Journal of Educational Research and Evaluation*, 15,487 - 501.

Moreno, R., & Mayer, R. E. (2005). Role of guidance, reflection, and interactivity in an agent-based multimedia game. *Journal of Educational Psychology*, 97(1),117 - 128.

Moreno, R., Mayer, R. E., Spires, H. A., & Lester, J. C. (2001). The case for social agency in computer-based teaching: Do students learn more deeply when they interact with animated pedagogical agents? *Cognition and Instruction*, 19(2),177 - 213.

Mory, E. H. (2004). Feedback research revisited. In D. H. Jonassen (Ed.), *Handbook of research on educational communications and technology* (pp. 745 - 783). Mahwah, NJ: Erlbaum.

Narciss, S., & Huth, K. (2006). Fostering achievement and motivation with bug-related tutoring feedback in a computer-based training for written subtraction. *Learning and Instruction*, 16(4),310 - 322.

Nelson, B. C., Kim, Y., Foshee, C., & Slack, K. (2014). Visual signaling in virtual world-based assessments: The SAVE Science project. *Information Science*, 264,32 - 40.

Ozogul, G., Johnson, A. M., Atkinson, R. K., & Reisslein, M. (2013). Investigating the impact of pedagogical agent gender matching and learner choice on learning outcomes and perceptions. *Computers & Education*, 67,36 - 50.

Paas, F., Renkl, A., & Sweller, J. (2003). Cognitive load theory and instructional design: Recent developments. *Educational Psychologist*, 38(1),1 - 4.

Park, B., Moreno, R., Seufert, T., & Brünken, R. (2011). Does cognitive load moderate the seductive details effect: A multimedia study. *Computers in Human Behavior*, 27,5 - 10.

Park, B., Plass, J., & Brünken, R. (2014). Cognitive and affective processes in multimedia learning. *Learning and Instruction*, *29*,125 – 127.

Park, O. -C., & Gittelman, S. S. (1992). Selective use of animation and feedback in computer-based instruction. *Educational Technology*, *Research*, *and Development*, *40*,27 – 38.

Pridemore, D. R., & Klein, J. D. (1991). Control of feedback in computer-assisted instruction. *Educational Technology Research and Development*, *39*(4),27 – 33.

Plass, J. L., Chun, D. M., Mayer, R. E., & Leutner, D. (1998). Supporting visual and verbal learning preferences in a second-language multimedia learning environment. *Journal of Educational Psychology*, *90*,25 – 36.

Plass, J. L., Heidig, S., Hayward, E. O., Homer, B. D., & Um, E. (2014). Emotional design in multimedia learning: Effects of shape and color on affect and learning. *Learning and Instruction*, *29*,128 – 140.

Rieber, L. P. (1990). Using computer animated graphics with science instruction with children. *Journal of Educational Psychology*, *82*(1),135 – 140.

Rieber, L. P. (1991). Animation, incidental learning, and continuing motivation. *Journal of Educational Psychology*, *83*(3),318 – 328.

Rieber, L. P. (1994). *Computers*, *graphics*, *and learning*. Madison, WI: Brown & Benchmark.

Rozin, P., & Cohen, A. (2003). High frequency of facial expressions corresponding to confusion, concentration, and worry in an analysis of naturally occurring facial expressions of Americans. *Emotion*, *3*,68 – 75.

Roy, M., & Chi, M. T. H. (2005). The self-explanation principle in multimedia learning. In R. E. Mayer (Ed.), *The Cambridge handbook of multimedia learning* (pp. 271 – 286). New York, NY, US: Cambridge University Press.

Scheiter, K., Gerjets, P., Huk, T., Imhof, B., & Kammerer, Y. (2009). The effects of realism in learning with dynamic visualizations. *Learning and Instruction*, *19*(6),481 – 494.

Schnotz, W., & Kurschner, C. (2007). A reconsideration of cognitive load theory. *Educational Psychology Review*, *19*(4),469 – 508.

Schroth, M. L. (1992). The effects of delay of feedback on a delayed concept formation transfer task. *Contemporary Educational Psychology*, *17*,78 – 82.

Schroeder, N. L., Adesope, O. O., & Gilbert, R. B. (2013). How effective are pedagogical agents for learning? A meta-analytic review. *Journal of Educational Computing Research*, *49*,1 – 39.

Schwartz, D. L. (1995). Reasoning about the referent of a picture versus reasoning about the picture as a referent: an effect of visual realism. *Memory & Cognition*, *23*,709 – 722.

Shute, V. J. (2008). Focus on Formative Feedback. *Review of Educational Research*, *78*(1), 153 – 189.

Sullivan, H., & Higgins, N. (1983). *Teaching for competence*. New York, US: Teachers College Press.

Sweller, J., van Merrienboer, J. J. G., & Paas, F. G. W. C. (1998). Cognitive architecture and instructional design. *Educational Psychology Review*, *10*(3),251 – 296.

Tversky, B. , Morrison, J. B. , & Betrancourt, M. (2002). Animation: Can it facilitate? *International Journal of Human-Computer Studies*, 57(4),247 - 262.

Um, E. , Plass, J. L. , Hayward, E. O. , & Homer, B. D. (2011). Emotional design in multimedia learning. *Journal of Educational Psychology*, 104(2),485 - 498.

van Gog, T. , Paas, F. , Marcus, N. , Ayres, P. , & Sweller, J. (2009). The mirror neuron system and observational learning: Implications for the effectiveness of dynamic visualizations. *Educational Psychology Review*, 21(1),21 - 30.

Wang, N. , Johnson, W. L. , Mayer, R. E. , Rizzo, P. , Shaw, E. , & Collins, H. (2008). The politeness effect: Pedagogical agents and learning outcomes. *International Journal of Human-computer Studies*, 66,98 - 112.

Wong, A. , Leahy, W. , Marcus, N. , & Sweller, J. (2012). Cognitive load theory, the transient information effect and e-learning. *Learning and Instruction*, 22,449 - 457.

Zhang, L. , VanLehn, K. , Girard, S. , Burleson, W. , Chavez-Echeagaray, M. E. , Gonzalez-Sanchez, J. , & Hidalgo-Pontet, Y. (2014). Evaluation of a meta-tutor for constructing models of dynamic systems. *Computers & Education*, 75,196 - 217.

Zhu, L. , & Grabowski, B. L. (2006). Web-based animation or static graphics: Is the extra cost of animation worth it? *Journal of Educational Multimedia and Hypermedia*, 15(3), 329 - 347.

第四章 视觉线索

在实际的课堂教学中，我们经常会看到老师在写板书的时候，用红色、黄色或者其他颜色的笔写字或者划出重要的内容。这就是一种视觉线索（visual cueing）。它是用来在学习环境中将学习者的注意力吸引到重要学习内容上的一种教学手段。

由于人的认知资源有限，人在学习的过程中，有时候会觉得信息量太大，一时无法处理。坐在课堂上的学生，在面对老师写的一黑板的板书时，可能觉得无从下手。在线学习中的学生，在刚使用在线学习系统的时候，可能会因为在线学习系统中的通知、学习资源、聊天、论坛等一系列功能和模块而不知道去哪里寻求自己所需的学习资源。在探索性的计算机网络游戏学习环境中（如图1），学习者可能因为各种视图、地图、功能和属性而不知道怎样进行探究性学习。当学生通过图文并茂的形式学习某类知识的时候，他们可能会因为图像过于复杂而感到学习起来比较困难。例如，一大段解释大脑的区域的文字配以一幅密密麻麻标注着大脑各个区域的名称以及功能的静态图像。在这些情况下，用于引导注意力的视觉线索，可以有效地将学习者有限的注意力引导到教师或者学生认为重要的地方，从而帮助学习者选取、组织、加工和整合信息，进而促进学习和认知过程。

视觉线索的一个主要的特点就是它的引入不会增加更多的学习内容，它仅仅是用来吸引和引导学习者注意力的一种手段。视觉线索有很多种形式。读者比较熟悉的是用于文字的视觉线索。例如，在使用计算机打字时，使用加粗或者斜体来突出强调一段文字中重要的词或者句子；在撰写文章的时候，使用加粗倾斜以及大号字体来突出各级标题。这样的文章，读者读起来一下子就抓住了文章的重点词句、大致结构和框架。在这个阅读越来越碎片化的时代，现代读者越来越有这样的需求。老师使用粉笔在黑板上书写板书，通常大部分字用白色粉笔写，需要着重强调的会使用红色、黄色

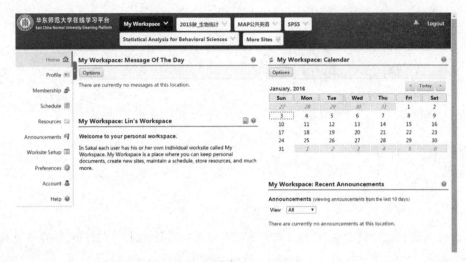

图 1　Sakai 在线学习系统

或者蓝色的粉笔，有时还会在重要的地方圈圈画画，这样坐在下面的学生就知道所谓的重点难点是什么，或者什么地方是容易出错的。

随着科学技术的发展，计算机越来越普及，并日益成为现代人工作生活中重要的一部分。借助计算机进行学习越来越成为一种趋势。有时候，学生可能会通过使用某个计算机学习系统进行自主学习（如图2）。在学习的过程中，学习者一边观看学习系统呈现的图像或者文字，一边收听事先录好的教学录音讲解内容。学习者可以自己控制学习的节奏，例如他/她可以再次播放动画和教学录音，或者选择重新学习前面呈现过的内容。当然，学习者还可以通过进度栏获知自己的学习进度。但是，有时候，这种通过计算机辅助的自主学习方式并没有效果。原因可能有很多。其中之一为，当学习者严重缺乏对所学知识的了解，又对所使用的计算机学习系统的功能属性等一无所知的时候，该学习者就可能会不知道怎样学习，不知道应该将注意力集中在哪里，也就是心理学中通常所说的认知资源不够造成的认知超负荷（cognitive overload）。

在这种情况下，我们可以考虑在基于计算机的学习环境中引入视觉线索来引导学习者的注意力，使他们能够将有限的认知资源用于处理与学习有关的信息。具体实施的时候，视觉线索可以有多种呈现形式。例如，可以使用动态的箭头或者圆圈来指向学习环境中的重要信息，也可以通过使用亮色闪烁来突出重要的信息，还可以通过将非重要的信息变暗的"探照灯"效果来突出重要的信息，更可以通过在学习环境中嵌入学习代理人（Animated Pedagogical Agents），通过它的手势运动等来指向重要的信息。

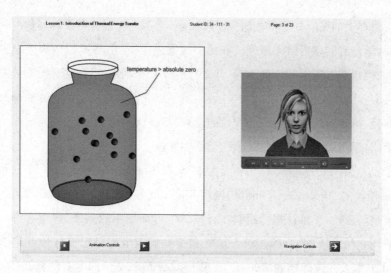

图 2 基于计算机的自主学习系统

当前研究现状简述

视觉线索在纯文字中的效果是积极的,这是早在 20 世纪研究人员的实证研究结果就表明的。进入 21 世纪以来,诸如计算机、手机、网络游戏等现代化技术,在给学习者带来丰富的学习体验的同时,也为相应的研究打开了一扇新的门。

荷兰鹿特丹大学的 Bjorn B. de Koning 和他的同事们是较早开展在计算机学习环境中的视觉线索效应研究的人员。2007 年,他们在社会科学引用索引的国际期刊《应用认知心理学》(Applied Cognitive Psychology)发表了他们的研究成果。他们招募了40 名鹿特丹大学的心理学本科生,将他们随机分配到两个实验组。两组人都通过观看动画来学习有关人的心脏的知识,不同的是,一个实验组的人观看的动画中,重要的信息被探照灯效果的视觉线索突出出来,而另一个实验组的人观看的动画中没有使用视觉线索。通过统计分析,de Koning 等人发现,观看了使用视觉线索的那个实验组的人对心脏知识的理解要明显好于另一组人;而且需要说明的是,他们不仅对被视觉线索突出强调的内容的学习理解较好,对没有被视觉线索突出的内容,他们也理解得比另外一组人好。

之后,de Koning 和他的同事还进行了一系列的实证研究。例如,他们要求学习者一边观看动画(有的是有视觉线索的,有的没有视觉线索),一边进行自我解释,报告他们在学习过程中的所有的想法。研究结果发现，当视觉线索和自我解释这两种学习策略结合时，学习者的学习效果最好。在另一项实验中，他们将不同的实验志愿者分成四组，第一组观看有视觉线索的动画，并进行自我解释，第二组在观看视觉线索的动画的同时还会收听用于讲解内容的教学录音，第三组观看没有视觉线索的动画并同时进行自我解释，第四组观看没有视觉线索的动画的同时收听讲解内容的教学录音。这一研究也表明，学习者会从有视觉线索的动画中获益。

除了荷兰的 de Koning 以外，澳大利亚的 Richard Lowe、法国的 Jean-Michel Boucheix、德国的 Alexander Renkl、美国的 Lijia Lin 和 Robert Atkinson 等人也进行了实证研究，旨在进一步确认视觉线索在计算机学习环境中的效果，探索有哪些因素可能会影响到它的效果，揭示哪些学习策略和视觉线索搭配可以更好地促进学习。例如，Lijia Lin 等人在国际期刊 *Interactive Learning Environments* 上发表了一项研究成果。研究人员将视觉线索手段和两种不同的自我解释方法搭配，一种是让学习者预测学习内容后进行自我解释，另一种是让学习者学习了相关内容后通过反省进行自我解释。研究结果验证了视觉线索的有效性，但并没有发现这两种不同的自我解释和视觉线索搭配的效果更好。Boucheix 和 Lowe 发表在国际期刊 *Learning and Instruction* 上的一项实证研究表明，通过颜色突出重要信息的视觉线索要比箭头的视觉线索更能促进学习。当然，也有一些研究的结果没有明显地揭示视觉线索的好处。还有一些研究人员使用眼动技术来研究视觉线索的作用。Lowe 和 Boucheix 发表在国际期刊 *Learning and Instruction* 上的另一项研究发现，通过色彩突出重要内容的视觉线索效应只在学习者观看动画的最初一段时间有效地引导了注意力，之后视觉效应就逐渐消失了。国际上的这些研究，总的来说，不管结果是否支持"计算机学习环境中视觉线索促进学习"的假设，都是有益的尝试和科学的探索。

随着技术的日新月异，基于电脑游戏、网络游戏的学习方式开始崭露头角。基于游戏的学习方式的最大的特点就是富有趣味性，因此可能增强学生的学习动机。同时，游戏学习环境，尤其是探索性的游戏环境，可以使得学习不再是线性的，学习也可以不再是那种传统的教与学的形式，而可以是玩的形式。在这样的学习环境中，是否需要视觉线索来引导学习者的注意力呢？通常情况下，游戏界面的复杂程度，可能更容易使得学习者（同时也是玩家）产生困难。因此，视觉线索在游戏环境中的效果需要检验。美国的 Brian Nelson 等人设计和开发了一个虚拟游戏环境，旨在促进学习者对物种适应这一概念的理解（如图 3）。在这个游戏环境中，学习者（玩家）通过与游戏环境中的物体交互来探究羊健康恶化的原因。研究结果发现,使用视觉线索(图3中的圆圈)可以使得学习者在探究的过程中不会感到学习更困难(即外在认知负荷降低)。

图 3　虚拟游戏环境样例

对当前研究现状的思考

如果依据现有发表的论文、研究报告等文献,我们无法回答"视觉线索是否能够促进学习"这个问题,因为有的研究报告说它有效,有的研究报告说它无效。那么有哪些因素可能会影响它的有效性呢?

首先,我们来试想一下,如果老师把整个黑板上的字都用红色的粉笔划出来了,你知道重点、难点在哪里吗?如果在一个计算机学习系统中,有十个箭头同时指向了学习系统中的不同的功能和属性,整个屏幕都布满了指向箭头,你知道应该先从哪里着手吗?这就应了中国的一句古话:"过犹不及"。如果使用过多的视觉线索去突出很多的"重要信息",这些被突出的信息可能反而不那么突出了。

其次,如果学习者对将要学习的内容非常了解,有大量的已有知识,那他/她也可能不需要视觉线索来引导注意力,因为他/她可能知道应该注意哪些重要的信息。极端的情况下,学习者可能根本不需要去注意学习内容,因为他/她完全掌握了这些知识,这时候本来有效的视觉线索手段就会变得无效了。因此,了解学习者的知识背景很重要。这不仅包含学习者对学习内容的了解,广义上还包含他/她对学习环境的熟悉程度——他/她是否熟悉呈现教学内容的计算机学习系统,他/她是否有过在线学习的经历,他/她是否熟悉有现代化教学设备的教室。

第三,学习者的学习动机同样很重要。有的孩子想学,自己很好学,有的孩子就是不想学。有的学习者觉得掌握这些知识对自己很有用,有的可能认为学习这些知识对自己没有一点价值。对于那些缺乏学习动机的学习者,视觉线索的注意力引导可能就没有什么作用,相反,学习动机很强的学习者,特别是内部动机很强的学习者,适当引导他们的注意力可能帮助他们更有效地学习相关的知识。当然,影响学习者动机的因素有很多,比如,学习的知识技能过难,可能就会挫伤学习者的动机。

对教育实践的启示

对于教育实践的启示,我们分成两个部分:一是对于传统课堂教学的启示,二是对于设计基于技术的学习环境的启示。

中国几十年以来,老师面对几个或者几十个学生讲课的传统课堂教学模式占绝对的主导地位。在这样的以教师为中心的教学模式下,教师拥有绝对的权威,对学生特别是义务教育阶段的学生有很大的影响。因此,我们对于教师的教学方法和策略,课堂上对于教学内容的呈现,教师在校的其他时间和学生的交流等都要有所要求。板书不要写很多,所用粉笔的颜色不要太多等这些基本教学技能还是需要师范大学以及中小学备课组教给教师。当然,某个教师的工作离不开其他教师,也离不开学校。学校、教师,甚至家长,都有责任让学生明确学习的动机,特别是内部动机,即让学生明白"为什么要学习"。虽然这是一个很老的教育问题,但现实中绝大多数学生都是随波逐流,按部就班地读高中,读大学本科,读硕士等等。其实很多学校都有通过摸底考试了解学生的知识背景的做法,这是很好的。不过,教师对于学生摸底考试的情况不应该仅仅停留在成绩上,更应该从中获悉学生的知识结构,从而开展有针对性的个性化教学。当然,在中国这个人口大国,教师要照顾到每一个学生是不可能的,照顾到每一个学生甚至都不是一个课堂教育理念,因为要照顾到大多数。可能由此造成了目前教育发达地区的大批学生课外请家教补课的现象。针对这些教育问题,中国大陆的政策制定者和学者已经有无数的观点了,这里不再详述。

利用计算机等先进技术,使得个性化教学成为可能。但是,设计有效促进学习的课程和系统,不仅仅需要经验和直觉,还需要实证研究作为指导。现有的研究文献,特别是西方发达国家的论文和研究报告,给我们提供了一个很好的资料库。教学设计和开发的时候,可以在讲授某一知识之前,先对学生进行一下小测验。一来可以使学生了解自己的知识情况,使他们能够对后面的学习更有针对性。另外,教学设计和开发人员也可以设计几种适合不同学生的教学方案,通过算法将不同的教学内容、不同的呈现方式和具有不同先备知识的学生相匹配,从而进行个性化的教学。另外,也可以通过技术的手段,例如嵌入学习代理人这样的虚拟人物或者使用电脑游戏等方式,来提高学生的学习动机,以此来促进他们和计算机等先进技术平台的交互,最终促进学习。

未来研究方向

视觉线索很大程度上依托教育技术,例如在动画中加上箭头或者圆圈来突出重要内容。近年来,随着技术的发展,移动设备、虚拟现实等现代化技术日益成熟。这对于视觉线索研究提出了新的问题。

对于依托移动设备的移动学习方式来说,学习可以突破传统教育的物理界限和时间限制,学习者可以随时随地进行学习。学习的形式也可能不是一整块的时间,而是碎片化的时间。在这样的情况下,视觉线索应该如何设计,将是目前和将来研究人员需要解决的问题。

另外,虚拟设备也越来越成熟,价格越来越亲民。花几百元加上一部智能手机,你就可以体验到虚拟情境了,例如体验过山车,看 3D 电影。那么在这样的学习环境中,视觉线索应该如何设计和应用,也是研究人员亟需回答的问题。

参考文献

Berthold, K., & Renkl, A. (2009). Instructional aids to support a conceptual understanding of multiple representations. *Journal of Educational Psychology*, 101(1), 70-87.

Boucheix, J., & Lowe, R. K. (2010). An eye tracking comparison of external pointing cues and internal continuous cues in learning with complex animations. *Learning and Instruction*, 20(2), 123-135.

de Koning, B. B., Tabbers, H. K., Rikers, R. M. J. P., & Paas, F. (2010). Improved effectiveness of cueing by self-explanations when learning from a complex animation. *Applied Cognitive Psychology*, *25*, 183 – 194.

de Koning, B. B. , Tabbers, H. K. , Rikers, R. M. J. P. , & Paas, F. (2007). Attention cueing as a means to enhance learning from an animation. *Applied Cognitive Psychology*, *21* (6), 731 – 746.

de Koning, B. B. , Tabbers, H. K. , Rikers, R. M. J. P. , & Paas, F. (2010). Attention guidance in learning from a complex animation: Seeing is understanding? *Learning and Instruction*, *20*(2), 111 – 122.

de Koning, B. B. , Tabbers, H. K. , Rikers, R. M. J. P. , & Paas, F. (2010). Learning by generating vs. receiving instructional explanations: Two approaches to enhance attention cueing in animations. *Computers & Education*, *55*(2), 681 – 691.

de Koning, B. B. , Tabbers, H. K. , Rikers, R. M. J. P. , & Paas, F. (2011). Attention cueing in an instructional animation: The role of presentation speed. *Computers in Human Behavior*, *27*(1), 41 – 45.

Jeung, H. , Chandler, P. , & Sweller, J. (1997). The role of visual indicators in dual sensory mode instruction. *Educational Psychology*, *17*(3), 329 – 343.

Lin, L. , & Atkinson, R. K. (2011). Using animations and visual cueing to support learning of scientific concepts and processes. *Computers & Education*, *56*(3), 650 – 658.

Lin, L. , Atkinson, R. K. , Savenye, W. C. , & Nelson, B. C. (2014). The effects of visual cues and self-explanation prompts: Empirical evidence in a multimedia environment. *Interactive Learning Environments*. in press.

Lowe, R. , & Boucheix, J. (2011). Cueing complex animations: Does direction of attention foster learning processes? *Learning and Instruction*, *21*, 650 – 663.

Moreno, R. (2007). Optimising learning from animations by minimising cognitive load: Cognitive and affective consequences of signalling and segmentation methods. *Applied Cognitive Psychology*. *21*(6), 765 – 781.

第五章　学习代理人

学习代理人（Animated Pedagogical Agents）这个概念似乎对中国大陆的读者来说比较陌生。其实，不知读者是否还记得微软办公软件 Office 97 中的办公助手大眼夹（如图 1），这其实就是一类学习代理人——嵌入于基于技术的学习环境中，通过言语和非言语的形式来引导学习者，并传递信息的一类虚拟人物（Lin，Atkinson，Christopherson，Joseph & Harrison，2013）。

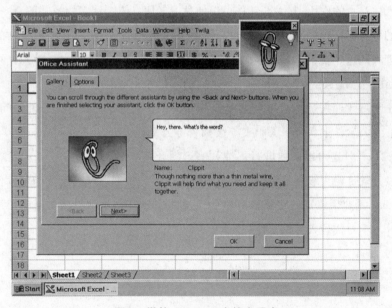

图 1　微软 Office 97 中的大眼夹

在基于技术的学习环境中（例如基于计算机的学习环境中），学习者面对的不再是老师，而是机器设备（例如计算机）。这样的学习环境缺乏人与人面对面的情感交流，例如面对面情境中的那些表情、手部动作、身体动作、说话声音等。因此，学习者可能会因为缺乏这些人与人之间的交互而缺乏学习的动力，从而导致与基于数字技术的学习环境的交互减少。这样的人机交互越少，学习者获得相关知识和技能的概率就越小，教学目标就可能难以达到，从而最终导致学习效果不佳。学习代理人的引入，就是为了让它承担虚拟教师的角色，激发学习者大脑中的社会交往图式，使得他们将人机交互当成人与人的交互，从而促进学习者和数字技术学习环境的人机交互，帮助学习者在基于技术的学习环境中激发学习动机，保持学习的兴趣，从而达到最终的教学目标，使学习者获得知识和技能。

虚拟学习代理人具有一系列的言语和非言语的元素。言语元素包括声音类型、声音的性别和声调。声音类型包括人的声音和使用软件生成的机器声音。声音的性别包括男性声音和女性声音。声调包括高亢和低沉等，这与学习代理人所表现出来的情绪有关。非言语元素包括学习代理人的面部表情、运动轨迹、目标指向性的手部动作、眼神注视等。学习代理人的面部表情可以体现出悲伤、高兴、期望等一系列的情绪，从而可能会感染学习者；其运动轨迹（例如从屏幕的左下方移动到屏幕中央）可以起到引导学习者注意力的作用；其手部动作可以使学习者切身体会到它的教师职责——像老师上课的手势那样；它的眼神注视可以让学习者感觉到自己在和人进行眼神的交流。学习代理人的这些要素，可以使得它在学习环境中的存在能使人机交互不再枯燥乏味，可以在一定程度上虚拟教师和学生之间的言语和非言语交流。

由于学习代理人是技术的产物，因此不得不谈谈有关学习代理人开发的问题。早期微软在办公软件上自带了大眼夹等被称为办公助理（Office Assistants）的学习代理人（如图2），并且还可以单独进行下载和一定的开发和嵌入。随着技术的发展，一大批动画设计软件给人级别的设计和开发人员提供了大量的选择。专业的软件例如3D Studio Max，稍业余级别的有iClone和CrazyTalk。这些技术都给教学设计、开发人员设计和开发学习代理人提供了便利。

当前研究现状简述

对于学习代理人效应的研究在过去十年呈现井喷趋势。全世界来自教育、心理以及计算机科学领域的不少研究人员都从事了大量的、较为系统的研究。总的来说，学习代理人对学习是有效应的，但程度并不大。这一结论是基于最近几年发表的一系列

图2 微软的办公助理

有关学习代理人的综述和元分析研究的文献得出的。例如,有新加坡研究人员发现,学习代理人对促进学习者的学习动机有显著的效应,而且这个效应属于中等程度,但是,它对知识的保持和知识的迁移的积极促进作用并不大(Guo & Goh, 2015)。该研究成果发表于国际期刊 *Journal of Educational Computing Research*。同样发表于该期刊的另一篇2013年的元分析研究是由美国华盛顿州立大学的 Schroeder, Adesope 和 Gilbert 完成的。他们的研究结果也表明,学习代理人对于学习的积极效应确实存在,但效应量不大。另外,他们的研究还发现,中小学学生比大学生更能从学习代理人的使用上获益,学习代理人通过屏幕上呈现文字的形式呈现教学讲解内容,比学习代理人通过"说话"这种音频的方式呈现对学习的效果更好。另外,德国的 Steffi Heidig 和比利时的 Geraldine Clarebout 也对学习代理人对学习和动机的效应进行了综述研究。他们认为,学习代理人的效应由于受一系列因素(调节变量)的影响而显得比较复杂。

当前有关学习代理人对学习效果的研究,主要从两个理论视角出发。依据这两个不同的理论视角,所得出的学习代理人的效能也不同。这两个理论分别为社会代理理论(social agency theory)和认知负荷理论(cognitive load theory)。

社会代理理论是由美国亚利桑那州立大学的 Robert Atkinson、加州大学圣巴巴拉分校的 Richard Mayer 以及已故的 Roxana Monero 经过一系列研究后提出来的。该理论认为,在基于技术的学习环境中,学习代理人的存在可以给学习者提供丰富的社会线索,例如面部表情、眼神、身体动作等,因此,学习者会将人机交互的学习过程当作一个社会学习的社交过程，就如学习者自己通过和老师的交流进行学习一样。从这个角度来看，学习代理人是具有促进学习者学习的潜能的，因为它的存在使得学习者将学习当成一种社交活动，就如在学校的课堂里一样。该理论关于学习代理人的假设为：学习代理人能够促进学习者的动机（尤其是内在动机），从而促进学习和认知。

目前相关的国外文献中，有一部分实证研究的结果是可以支持这个理论观点的。例如，Robert Atkinson 2002 年在 *Journal of Educational Psychology* 上发表了有关他研究的学习代理人的研究成果。他设计了一个名字叫 Peedy 的鹦鹉作为学习代理人（如图 3），嵌入在一个基于计算机的学习环境中，它可以通过身体动作来指向学习环境中的学习内容，同时也可以通过"说话"来呈现教学内容。学习者通过该学习环境学习有关概率的原理和知识。通过招募美国密西西比州立大学的大学生，开展了三个实验（其中一个为预实验）。研究结果发现，当学习内容由学习代理人呈现时，学习者的学习迁移测试分数比没有学习代理人的实验条件里的学习者好。研究结果进一步发现，不仅学习代理人的存在能够给学习者带来学习上的效果，而且学习代理人通过声音"说话"来呈现教学内容是一种比较理想的教学设计方案。

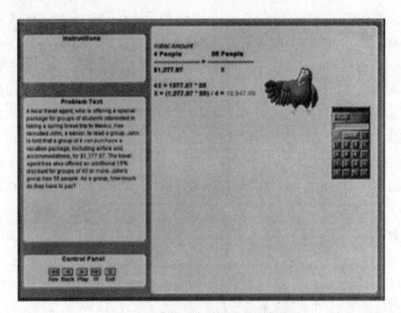

图 3　帮助数学学习的鹦鹉学习代理人

Robert Atkinson 的研究团队 Lijia Lin，Robert Christopherson，Stacey Joseph，Caroline Harrison 2013 年在 *Computers & Education* 上发表了他们进一步的研究成

果。在这项研究中,学习代理人不再是动物的外形,而是一个人的外形(如图4)。在这个基于计算机的学习环境中,学习代理人一方面通过"说话"来向学习者呈现教学内容,另一方面对学习者在练习部分的表现作出回馈,就如老师在课堂中对学生的发言作出回馈一样。学习者一方面通过学习代理人的"说话",另一方面通过观看教学动画来学习。在学习完一个内容以后,学习者需要完成一些小练习,并得到学习代理人的反馈。研究团队设计了一个2×2的实验,来研究学习代理人应该向学习者提供怎样的反馈才能促进他们对于物理知识的理解。因此,他们将学习代理人设计成提供两种形式的反馈,一种为提供简单的反馈,例如"正确"、"错误",另一种为详细的反馈,即反馈不仅包含"正确"或者"错误",还包含对该练习所设计物理知识的解释。他们在美国亚利桑那州立大学招募了志愿者来参与实验。研究结果表明,学习代理人提供详细的反馈给学习者这种情况要比学习代理人仅仅向学习者提供简单的反馈更能促进学习;另外,在没有学习代理人的情况下,通过学习系统向学习者提供简单的反馈比向学习者提供详细的反馈更能促进学习。

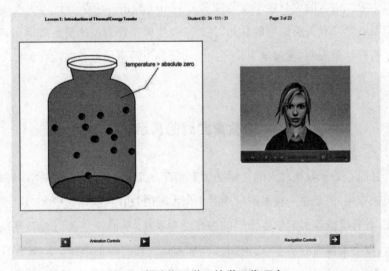

图4 帮助物理学习的学习代理人

另外一个用来解释学习代理人效果的理论视角是认知负荷理论。认知负荷理论是20世纪90年代澳大利亚的John Sweller以及欧洲的Fred Paas和Jeroen van Merrienboer等人提出概念以后,经过多年的修改和演化形成的理论。该理论将人内部的认知加工和外部的教学内容呈现联系起来,是认知心理学理论与教学设计的结合。根据该理论,认知负荷不是单一的心理结构,它有三类认知负荷:无关认知负荷、内部认知负荷以及关联认知负荷。无关认知负荷(extraneous cognitive load)是指因为不良的教学设计使得学习者花费认知资源去尝试理解而产生的认知负荷。内部认知负荷(intrinsic cognitive load)是由学习内容本身有难度而使得学习者耗费的认知资源。关联认知负荷(germane cognitive load)是指学习者用于理解学习内容、建立有关学习知识的图示而耗费的认知资源。教学设计应该尽量减少给学习者带来无关的认知负荷,并尽量增加关联认知负荷。从认知负荷理论出发,对学习代理人的有效性的假设和根据社会代理人的假设相反——学习代理人会影响学习者学习,因为它美丽的外形和酷炫的动画效果,使得学习者不再关注于学习内容,而关注于动画特效等与学习无关的内容,因此造成了无关的认知负荷。

目前相关的国外文献中,也有一部分研究结果支持认知负荷理论关于学习代理人的假设。例如,美国南加州大学的 Sunhee Choi 和 Richard Clark 研究了学习代理人对于促进英语语言学习的作用。他们设计了一个有两个实验条件的实验,并招募了 94 名以英语为第二语言的大学生来参与实验。一个实验条件为学习代理人指向学习内容帮助学习者学习有关英语中的从句,另外一个实验条件为使用箭头来指向相同的学习内容。研究结果表明,通过学习代理人学习的那组英语学习者并没有比另外一个实验组的学习者学习地更好。

对教育实践的启示

尽管目前有关学习代理人的文献还没有清晰地显示学习代理人对学习和动机有很大的积极作用,但是这一技术的应用对中国大陆的教育者应该有很大的启示。

首先,教育应能够引起学生强烈的内在学习动机,从而使得他们能够自发学习和自主学习,而不是被逼着学习,让他们觉得学习是一件辛苦的事情。广大教育工作者要充分发挥新时代各种先进数字技术的潜力,将它们应用到教育教学中,以此来激发学生的学习动机,尤其是内在的学习动机。学习代理人是引发学生进行自主学习的一个很好的技术应用。在某些情况下,教育者可能会发现,尽管在教育教学中使用了数字技术(例如在线课程),但是效果却不太理想。其中的一个原因恐怕就在于,学生由于觉得缺乏人与人之间的交流而显得学习动机不足。学习代理人可以向学生呈现一个承担教师职责的虚拟人物,从而可以有效促进学生在基于技术的学习环境中与数字技术平台的交互。因此,教师可以尝试使用嵌有学习代理人的在线学习系统以混合学习的方式让学生在课下开展自主学习。激发学习者学习的内在动机很重要,这能使得学生在学习中目标明确,排除来自生活中的各种干扰,而不是为了家长或者老师而学习。对于中小学生来说,激发学生的内在动机可以使他们觉得学习不是一件枯燥和辛苦的事情。对于成人教育来说,激发学生动机才能使学习对他们产生吸引力。

第二,在中国大陆个别地区师资短缺的情况下,教育部门可以考虑通过让学生与虚拟学习代理人交互的形式来实现学习目标,达到优质教育资源共享的目的。目前很多的在线课程以真实教师讲授的教学视频作为教学信息呈现的方式。虽然这样的学习环境中具有了人与人的交互,但是学习者往往觉得枯燥乏味。基于技术的学习环境设计并不是仅仅将教师的上课视频以某种数字技术的方式呈现就可以了。学习环境中的界面设计、教学方式的呈现、讲授和练习的结合等一系列因素都是影响学习者学习动机的因素。因此,优质教育资源的共享,并不仅仅是请优秀教师讲课然后将其讲课视频放在网络平台上。教育部门需要组织技术人员、教学设计人员以及学科优秀教师一起进行的教学设计和开发,将优质教育资源重新"组合",通过数字技术的平台来呈现。数字技术的学习环境可以充分运用虚拟的学习代理人来承担部分或者全部教师的职责,为学生创建一个"私人学习平台",将数字技术学习环境中的学习信息等要素最优化地呈现,从而实现教育资源的优化配置。

第三,中国大陆的网络教育者或者在线教育者应该思考,怎样将网络课程和在线课程设计得更人性化、更"潮"、更酷。很多教育机构,特别是公立教育机构,习惯于高高在上,等学生"上门",而在优化网络教学设计上停滞不前,造成学生对于网络课程缺乏兴趣。这一方面要求教育者转变思想,从高高在上的教学信息提供者,转变为为学生考虑、为学生服务的教育公仆,在改进教学设计和课程内容的时候,进行具体的学习者分析和市场调研,提供新颖的教学资源。另一方面,教育部门也可以考虑引入比较有活力的民营企业和私营企业,特别是小微企业,来帮助在线教育的教师一起设计和开发在线课程。

参考文献

Atkinson, R. K., Mayer, R. E., & Merrill, M. M. (2005). Fostering social agency in multimedia learning: Examining the impact of an animated agent's voice. *Contemporary Educational Psychology*, 30, 117-139.

Chen, Z. H. (2012). We care about you: Incorporating pet characteristics with educational agents through reciprocal caring approach. *Computers & Education*，*59*，1081 - 1088.

Choi，S.，& Clark，R. E.（2006）. Cognitive and affective benefits of an animated pedagogical agent for learning English as a second language. *Journal of Educational Computing Research*，*34*(4)，441 - 466.

Guo，Y.，& Goh，D. H. L.（2015）. Affect in embodied pedagogical agents：Meta-analytic review. *Journal of Educational Computing Research*，*53*，295 - 314.

Heidig，S.，& Clarebout，H.（2011）. Do pedagogical agents make a difference to student motivation and learning? *Educational Research Review*，*6*，27 - 54.

Lin，L.，Atkinson，R. K.，Christopherson，R. M.，Joseph，S. S.，& Harrison，C. J.（2013）. Animated agents and learning：Does the type of verbal feedback they provide matter? *Computers & Education*，*67*，239 - 249.

Mayer，R. E.，Sobko，K.，& Mautone，P. D.（2003）. Social cues in multimedia learning：Role of speaker's voice. *Journal of Educational Psychology*，*95*，419 - 425.

Moreno，R.，Mayer，R. E.，Spires，H. A.，& Lester，J. C.（2001）. The case for social agency in computer-based teaching：Do students learn more deeply when they interact with animated pedagogical agents? *Cognition and Instruction*，*19*，177 - 213.

Schroeder，N. L.，Adesope，O. O.，& Gilbert，R. B.（2013）. How effective are pedagogical agents for learning? A meta-analytic review. *Journal of Educational Computing Research*，*49*(1)，1 - 39.

第六章　教育游戏

随着科学技术的发展,教育游戏已经呈现出多样性的一面,尤其是在科技发达的今天。本章所涉及和讨论的教育游戏是指基于数字技术的教育游戏,特别是基于计算机的游戏。

基于数字技术的游戏

可能读者对基于数字技术的游戏这个概念有点陌生。我们可以暂时把它认为是大多数人印象中的电脑游戏。人们可能会想到很多经典的游戏,例如仙剑奇侠传、红色警戒、魔兽世界、传奇等。这些电脑游戏给很多人留下了童年的印记。这些游戏是以娱乐为目的的。但是,还有一种类型的游戏,是以教育为目的的,是一种教育工具和载体,也就是教育游戏。在这一章中,我们把基于数字技术的游戏按照它的目的分为两类:一类是教育游戏,另一类是娱乐游戏。在讨论游戏的时候,我们不可避免地还要提到游戏的分类。有单机版的,也有网络在线的多人游戏;有冒险探索型的游戏(例如古墓丽影)、射击游戏(例如反恐精英)、动作格斗游戏(例如街头霸王)、角色扮演游戏(例如仙剑奇侠传)、益智游戏等。当然,随着技术的发展和游戏产业的发展,也可以将游戏按照平台来分类,例如街机游戏、电脑游戏、体感游戏(例如任天堂的 Wii)等。总的来说,无论是游戏产业界还是学术界,目前都没有一个对游戏类别的分类标准(Kirriemuir & McFarlane, 2004)。

游戏研究的意义

自从电脑游戏进入大众的视野以来,中国大陆的学校和家长就把游戏当成洪水猛兽。媒体不时有报道学生沉迷于游戏以及由此造成的恶果，从小学生到大学生都可能沉迷于游戏世界，不能自拔。因此传统的教育观点对电脑游戏和网络游戏等基于数字技术的游戏持否定态度。但是，从另一方面考虑，我们的教育需要反思：为什么学校、学校里的课程、学校老师布置的作业，甚至学校里的小伙伴不能吸引学生，但是游戏世界却能让小学生、中学生、大学生甚至更年长的人沉醉其中呢？

美国研究游戏的著名学者 James Gee 认为，传统的学校教育需要改革，使得学生不再厌恶它，反而喜欢它。美国是如此，中国也是如此。教育改革这么多年，学生的负担还是这么重，学习依然是一件辛苦的事，费脑子费体力的事。如果我们的教育改革能借鉴游戏，从游戏的特点中吸收其优点，将"玩"和"学"适度结合，那么这未尝不是一个有益的尝试和探索。这也就是研究游戏特别是教育游戏的实际意义——对于学生而言，要让我们的教育能像游戏一样吸引他们，让他们喜欢学校，想上学；而从社会角度考虑，通过学校教育，社会实现了培养下一代、为国家建设输送人才的目标。

改进对学生的测试和评价是另一个研究游戏的意义所在。目前中国大陆所使用的对学生学业成绩的测评方式，大到高考小到课堂测验，基本上还是以纸笔的形式为主。全社会这么多年始终在呼吁高考改革，高考也的确在考试科目以及具体的题型和题目上做了一些改革，但是社会大众总是觉得效果不明显。其中的一个原因是学习和测评被完全割裂开来了。基于技术的游戏提供了一个能够让学习和测评结合在一起的平台，即学生在游戏环境中既学习了知识，又被测量了所掌握知识的情况。这就是使用游戏作为测量方式，国外文献中称此为基于游戏的测量（game-based assessment），这是数字技术给教育带来的机会，是传统纸笔形式的考试无法比拟的。通过精心的教学设计，学生可以被教育游戏中的人物、故事情节以及动画等游戏元素吸引，从而促进人机交互。学生与教育游戏更多的交互意味着他们有更多的机会达到教育者希望通过教育游戏实现的教育目标。同样，经过精心的教学设计，学生通过完成游戏中的任务来完成测评，这样学生既不会因为考试紧张而影响发挥，又富有趣味地、在真实的学习环境中完成了对自己学习的评估。

游戏的特性

作为基于数字技术的游戏，美国研究人员 John Quick，Robert Atkinson 和 Lijia Lin(2012)通过实证研究归纳出如下的特点：

1. 趣味性和隐身性。这可能是目前游戏和教育教学最大的区别。游戏有很重的"玩"的成分,比如精美的人物和界面,美妙的音乐,酷炫的动画效果,丰富的故事情节等。这些在传统的教育教学方式和过程中都极少出现甚至没有出现。这会极大地促使玩家投入时间、精力甚至金钱到游戏的过程中。也正因为如此,基于游戏的学习(game-based learning)以及基于游戏的测量(game-based assessment)具有其得天独厚的优势——学生在玩游戏的过程中不知不觉就完成了学习任务,达到了学习目标,并完成了学习测试,而学生本人可能都没有意识到他学习到了知识和技能。

2. 挑战性。游戏具有挑战性,比如需要玩家打败对手,达到一定分数,找到某个游戏物品,避免被击中,在一定时间内找出某物体等。这个特点使得特定的游戏对于其玩家来讲具有一定的难度,结合游戏的趣味性,可以使得玩家不断地挑战自己、电脑或者其他玩家,直至达到目的及完成游戏任务为止。

3. 幻想性。游戏可以借助技术,虚拟现实世界不能实现的事情,或者现实世界很难观察到的现象。例如,在国外比较流行的社交游戏 Second Life 中,玩家在游戏中的虚拟人物,可以飞翔,可以"一蹦三尺高"。美国亚利桑那州立大学的研究人员 Minor Johnson 和她的研究团队设计了一款游戏,玩家需要合理搭配膳食来使得一个外星人得以存活。这些在现实中都很难实现。但是这样的虚构和幻想可以使学生将已学过的知识加以应用和迁移,可以使一些特殊学生做到他们在现实世界中做起来有困难的事情。因此,游戏不仅在中小学教育中有重要的意义,在特殊教育中也有巨大的应用潜力(Ke, Im, Xue, Xu, Kim & Lee, 2015)。

4. 逼真性。借助技术,游戏平台可以构建出和真实世界、真实问题相似性很高的环境。因此,玩家(同时也是学生)在学习知识和掌握技能的过程中,可以通过游戏的虚拟环境来达到在真实情境中解决问题和应用知识技能的目的,这样的好处是有利于学生在真实环境中(例如工作环境中)有效地提取他们学过的知识和技能,更好地进行知识的迁移。

5. 竞争性和合作性。通过游戏平台,玩家(同时也是学习者)参与到与电脑或者其他玩家竞争的过程中。适度的竞争对于玩家(学习者)来说是有好处的,可以激发玩家(学习者)和游戏的交互,从而促进学习,例如游戏中的玩家排名,可以促使玩家更认真更投入地玩游戏。同时,游戏平台还可以促进玩家之间的合作,培养他们与人合作的沟通能力和技巧。例如,在反恐精英和魔兽世界中,玩家需要组成战队一起玩,通过(线上或者线下的)交流和沟通,玩家们实现共同的目标。

有关游戏的研究简述

美国研究游戏的著名学者 James Gee(2007)认为,不仅仅教育游戏有教育的功能,娱乐游戏也有"教育"的功能。当一位玩家刚开始玩一款游戏的时候,他还是新手。所以可能需要花费很大的力气探索游戏,例如怎样过关,怎样控制和操作,怎样寻找游戏任务等。通过游戏本身自带的指导,玩家开始一步一步地深入到游戏过程中,逐渐掌握游戏技巧,玩家可能通过网络搜索游戏秘籍,在游戏论坛上和其他玩家讨论,和朋友交流等方式,获得更多的游戏技能,进而进一步提升玩家在游戏中的表现。这个过程就是从新手到专家的演变过程。教育的过程其实也是将学生从某个领域的新手培养成专家的过程。如果学校教育也能借鉴游戏过程中新手到专家的演变,可能也会促进学生的学习。例如,在老师的引导下,让学生组成小组进行合作学习,使他们通过同伴互相学习,效果可能就比单纯的老师教要好。再例如,在现有的学校教育中引入探索性学习模式,让学生在教师或者某些教学资源的引导下进行探究,也可能是一种有效的学习方式。还有,学校教育是比较正式的学习方式,如果让学生通过博物馆等非正式学习途径进行学习也未尝不是一件好事。

美国亚利桑那州立大学研究人员 John Quick,Robert Atkinson 和 Lijia Lin(2012)通过问卷调查了 293 名在校大学生的游戏偏好和人格特质。通过 Cluster analysis 统计分析,他们分出九类玩家:

1. 征服者：聚焦于获得游戏中的分数或者在游戏中晋级
2. 探索者：旨在探索发现游戏中未知的事物
3. 社交者：希望实现人与人之间的交互
4. 杀手：经常以一种破坏性的方式将自己强加于别人之上
5. 角色扮演者：通过扮演一个游戏中的人物形象来投入到游戏世界的幻象中
6. 竞争者：通过努力做到自己比别人在游戏世界中表现好
7. 收集者：收集大量游戏中的物品
8. 指导者：领导别人并管理游戏世界中的各项事务
9. 手工业者：解决问题并制造游戏物品

除了通过问卷调查的方法外,研究人员也通过实验的方法来研究游戏对教育的作用。例如,美国的 Mary Greer,Robert Atkinson 和 Lijia Lin(2016)在亚利桑那州凤凰城地区的四所中学中通过实验的方法比较了一款教育游戏对学生(玩家)学习和态度的效应。这款游戏旨在帮助青少年认识哮喘这种疾病并让玩家学习怎样应对哮喘。由家长和学生本人同意以后招募的实验志愿者共 153 人,他们被研究人员随机分配到两个实验条件中:被分配到实验条件一的青少年玩哮喘的电脑游戏,而被分配到实验条件二的青少年玩一款旨在帮助他们认识营养的电脑游戏。在第一周的实验中,孩子们接受了前测,前测包含他们对哮喘的认识,他们的一些个人基本信息,以及他们对于哮喘的已有知识的测试。从第二周开始的三周时间里面,所有参与实验的青少年将根据他们被分配的实验条件,在学校计算机房中玩其中的一款电脑游戏,每周大约 45 分钟左右。同时,在第四周,他们接受了后测,以便研究人员了解他们对哮喘的态度和学习情况。在第四周之后的一个月以后(即第八周),这些参与研究的青少年再次接受了一次后测。研究结果显示,通过和电脑游戏的交互,青少年们对哮喘有了更多的了解,而且对哮喘的态度也更为积极。

虚拟世界(virtual world)是指通过技术设计和开发的仿真世界(Nelson & Erlandson,2012)。这样的游戏环境(同时也是学习环境)可以给玩家/学习者以逼真的视听感受,让人有沉浸式的感觉。早期虚拟世界的设计、开发和研究主要基于计算机端,通过三维建模等手法使游戏任务和场景比传统的二维游戏更栩栩如生。美国亚利桑那州立大学 Brian Nelson 及其科研团队(2012)设计和开发了一个虚拟世界的沉浸环境(如图 1)。在这个平台中,玩家可以控制一个三维人物的出行方式,让他通过

图 1 虚拟世界

步行、坐公交、开车等方式从住所到学校，同时，他还可以在虚拟环境中体验到不同的出行方式给自然环境带来的影响，例如步行消耗的卡路里，开私家车排放的二氧化碳等。研究表明，通过这样的交互，玩家对于生态环境的态度显著地提高，对交通出行的选择也更趋于环保。

游戏研究和应用的未来趋势

随着智能手机的日益普及，游戏不再仅仅局限于电脑端。手机游戏（手游）似乎越来越被智能手机的使用者所接受。流行一时的手游有愤怒的小鸟、海岛骑兵、植物大战僵尸和玩具防御等。可以看到人们在利用等车、坐车等闲暇时间津津有味地捧着手机或者平板电脑玩游戏。因此，从教育的角度，我们可以考虑未来将教育和教学变得更加非正式，使得孩子们在不知不觉中学习；同时教育和教学也应该可以更零碎和更有趣，特别是对于成人教育。当成年人在坐地铁、公交、火车甚至走路的时候，不是在玩游戏和看剧，而是在好玩地学习，那将是风景美如画啊。从研究上看，未来教育游戏的研究应该与移动学习相结合。

另外，可穿戴设备也日益流行，这就使得游戏不再仅仅需要动手指，而是可以使玩家全身都运动起来，这可以使得游戏更好玩也更健康。同时，传统非数字技术的游戏也可以借助体感游戏重新进入大众的视野。从研究角度考虑，心理学领域有一种认知叫具身认知，简单来说就是，人的身体动作能促进人大脑中的认知过程。从具身认知的角度来研究教育游戏将是教育游戏研究的一个热点。事实上，美国已有不少研究人员进行了类似的研究（Johnson-Glenberg，Birchfield，Tolentino & Koziupa，2014），这个领域的研究在未来数年仍将是研究人员关注的焦点。

目前，三星、索尼等国外厂商纷纷推出虚拟现实设备，国内厂商也推出了较为廉价的虚拟现实设备，这都使得沉浸式的娱乐和学习环境越来越触手可及。这就使得人们通过技术可以得到越来越逼真的沉浸式体验，人们不仅可以通过基于计算机平台的虚拟世界来体验，而且还可以通过可穿戴设备来体验。从虚拟世界过渡到虚拟现实的教育研究将是未来的趋势。尽管国外少数研究人员进行了一些实证研究（Kim & Ke，2016），但总的来说目前对于虚拟现实的教育研究很少，因此它的教育潜能还没有被揭示出来。

总 结 和 启 示

大量的研究,特别是国外研究表明,基于游戏的学习(game-based learning)有其独特的优势,并且这些优势也正在展现出来。因此,一方面我们的学校教师、家长以及整个社会要转变观念,不要再把游戏当成洪水猛兽,而应该正确引导学生,特别是可以尝试通过应用教育游戏来激发学生的学习动机。另一方面,我国,尤其是大陆地区,要加大教育游戏的设计和开发力度,教师、教学设计与开发人员以及教育主管部门应该通力合作,设计、开发和测试基于技术的教育游戏平台,充分利用数字技术来推动中国大陆的教育改革,把好的、设计精美的、符合学习规律的教育游戏应用到教育实践中。

参考文献

Erlandson, B., Denham, A., Lin, L., Slack, K., & Nelson, B. (2012). *Designing smart worlds: Automated scoring of learners' transportation decisions in a virtual urban commuting simulation.* Paper presented at the annual meeting of the American Educational Research Association, Vancouver, British Columbia, Canada.

Gee, J. P. (2007). *What Video Games Have to Teach Us About Learning and Literacy* (2nd Ed.). St. Martin's Griffin.

Greer, M., & Lin, L., & Atkinson, R. K. (2016). Using a computer game to teach school-aged children about asthma. *Interactive Learning Environments.* in press.

Johnson-Glenberg, M. C., Birchfield, D. A., Tolentino, L., & Koziupa, T. (2014). Collaborative Embodied Learning in Mixed Reality Motion-Capture Environments: Two Science Studies. *Journal of Educational Psychology.* 106, 86 - 104.

Ke, F., Im, T., Xue, X., Xu, X., Kim, N., & Lee, S. (2015). The experience of adult facilitators in a virtual-reality-based social interaction program for children with autism: A phenomenological Inquiry. *Journal of Special Education*, 48(4), 290 - 300.

Kim, H., & Ke, F. (2016). OpenSim-supported virtual learning environment: Transformative content representation, facilitation, and learning activities. *Journal of Educational Computing Research.* In press.

Kirriemuir, J., & McFarlane, A. (2004). *Literature review in games and learning.* A Graduate School of Education, University of Bristol: Futurelab. published by. http://www.futurelab.org.uk.

Nelson, B. C., & Erlandson, B. (2012). *Designing for learning in virtual worlds: Interdisciplinary approaches to educational technology.* New York: Routledge.

Quick, J. M., Atkinson, R. K., & Lin, L. (2012). The gameplay enjoyment model. *International Journal of Gaming and Computer-Mediated Simulations*, 4(4), 64 - 80.

Quick，J. M. ，Atkinson，R. K. ，&. Lin，L. （2012）. Empirical taxonomies of gameplay enjoyment：Personality and video game preference. *International Journal of Game-based Learning*. 2(3),11 - 31.

第七章　绘画

　　有时候我们可能会发现，不管是用传统的纸质的书还是平板电脑的电子书，学生的英语阅读能力都没有提高。有时候我们可能会发现，不管是老师上课用黑板粉笔还是用电脑幻灯片讲解化学反应过程，对学生理解化学反应过程的效果都差不多。为什么在教学中使用现代化数字技术的效果有时候和传统的方法没有差别呢？

　　如果学生仅仅通过阅读来理解英文短文，他/她既没有通过绘制概念图，也没有圈出阅读材料里面的重点，那么，无论是采用电子书还是纸质书，学生的这种阅读学习都是很被动的学习，所学到的知识也是支离破碎的。如果学生能在阅读学习的过程中，"生产"出一定的学习"产品"——例如概念图或者圈圈画画，那么，他们的阅读学习就有可能较为积极，构建的知识就较为一体化和系统化。这个观点，体现了美国亚利桑那州立大学教授 Chi 最近提出来的学习投入度的相关理论，也符合目前已有的其他学习与认知的相关理论。本章将着重介绍学习者自行绘图这种教学策略对于学习者的效应。

学习科学领域中的绘画

　　学习科学领域中，绘画是指学习者通过绘图活动自己创造表征。这些表征和他们要用绘图描绘的物体具有一定的相似性。学习者在绘图的过程中，会在大脑中选择、组织言语表征和非言语表征，并将这些和他们被激活的先备知识相整合。这样的结果是，不同形式的表征被联结起来，并和学习者已有的图式关联起来，从而建构了图式。这些认知过程会通过绘图而被外部化。这样的外部图像不仅能显示学生学习概念化的程度，还能够促进学习。绘图需要学习者在呈现的学习材料之外得出一些东西，例如将文字信息转化为图像信息。因此，绘图被认为是天生具有建构的特性（Chi，2009）。鉴于绘图包含的认知过程是促进图式建构的，绘图被认为是一种有效促进阅读理解，而且能够吸引学习者的学习策略。

相 关 理 论

Paivio 的双通道理论（Paivio，1971，1986），认为人通过视觉和听觉两个通道来处理进入认知系统的信息。视觉通道处理图片、视频、动画、计算机屏幕上的文字或者纸媒文字，而听觉通道加工背景音乐或者解释内容的教学录音。目前主要有两种观点来描述和解释各通道处理什么形式的信息：一个是信息呈现模式，另一个是感官模式。信息呈现模式将呈现于学生的外部教学信息按照言语和非言语两种呈现形式进行区分：专门处理口头或者书面文字的言语通道，以及专门处理图片、视频、动画或者背景音乐的非言语通道。学习者可以主动地将进入一个通道的信息转化为可以为另一个通道所加工的信息表征。基于双通道理论，美国加州大学圣巴巴拉分校的 Richard Mayer 提出了多媒体学习认知理论（cognitive theory of multimedia learning，Mayer，2005）。该理论认为，学习者选取进入视觉通道和听觉通道中的相关信息，组织被选取的信息，将信息与学习者已有的知识相整合，这样的认知过程可以形成高级的图示，所习得的知识和技能也不再是孤立的、支离破碎的，而是系统化的。让学习者在学习的过程中绘制与学习有关的图像，可以帮助其将纯文本的信息转化为图像信息，充分利用双通道的认知加工，使信息处理的效率得以提高。因此，从这个角度出发，学习内容是阅读等纯文字和言语信息的时候，让学生绘制图像可以促使其将学习过程转化为多媒体学习过程，从而促进学习和认知。

另一方面，最近几年，学习科学领域谈论较多的一个概念叫投入度（engagement）。无论是多媒体技术，移动技术，游戏技术，虚拟技术，社交媒体，还是教学策略和认知策略，都需要学习者投入其中，才能促进认知加工。美国亚利桑那州立大学的教授 Michelene T. H. Chi 在对近几十年的实证研究进行梳理以后，提出了交互-建构-积极-被动（Interactive-Constructive-Active-Passive，ICAP）的理论框架来解释投入度。根据 ICAP 框架（Chi & Wylie，2014），导致学习者知识变化过程的外显投入行为模式有四种：被动、积极、建构和交互。当一个学习者在阅读、听讲或者看视频的时候，他/她从学习材料中接受信息并形成支离破碎的知识。这种学习投入方式是被动的。当学习者进行某种形式的外显的身体动作活动时,例如在文字中圈圈画画,暂停、前进或者重新播放视频,那么这种学习投入度是积极的。当学习者从学校材料中建构新的东西,例如自我解释或者绘图,那么这种学习投入度就是建构的。当学习者彼此之间轮流进行建构性的对话时,例如在小群体中辩护和争论,或者和同伴轮流进行问答,那么这种学习投入度就是交互的。在被动投入度模式中,知识以破碎的形式储存,只有在很具体的线索呈现的情况下才能被提取出来。在积极投入度模式中,已有知识被激活并被整合到新的信息中。在建构投入度模式中,基于已有知识和新信息的整合,新的知识通过进一步的推断而形成。当学习者在进行对话时,以上的激活、整合和推断就会以交互的形式发生,即交互投入度模式。因此,与四种投入度模式相联系的学习效果从好到差依次是:交互投入度模式下的学习,建构投入度模式下的学习,积极投入度模式下的学习和被动投入度模式下的学习。

根据 ICAP 理论框架,由于在学习者绘图的过程中,他们不仅整合信息,还对这些整合的信息做出了自己的理解和推断,因此属于建构投入度模式的学习。相对应的,如果学习者仅仅是阅读,那么就没有产生学习者自己理解的产品,因此这种学习投入不高(即被动投入度模式的学习);如果学习者在阅读的时候圈出或者划出重要的内容,那么这就是将外部信息和已有知识整合的过程,虽然这种程度的主动投入度不如建构程度高,但比被动的投入度要高。

与绘图相关的实证研究

早在 20 世纪 90 年代,研究人员就通过实证研究探索了绘图的作用。美国爱荷华大学的 Alesandrini 让 383 名大学生通过阅读科普短文来学习电池里的电化学过程。研究人员让这些参与研究的大学生通过不同的学习策略来学习。有的大学生被要求将科普短文阅读两遍,有的被要求将学到的概念用自己的话写出来,还有的被要求将学过的概念通过绘图画出来。研究结果表明,无论是男性还是女性,绘图都促进了大学生对于电池电化学过程中的概念的理解。另外,美国曼哈顿维尔学院的 Rich 和 Blake 也通过研究发现,那些需要行为矫正的小学生在教师教他们使用绘图策略进行阅读的情况下,能够更好地理解所阅读的材料。

近年来,学生绘图这种教学策略越来越受到关注,尤其是在科学学习领域。德国杜伊斯堡-埃森大学的 Leopold 和 Leutner 比较了绘图和两种聚焦文本的理解策略(选取主旨大意和总结)对于学习者阅读理解的影响。阅读的材料都是纯文本，内容是有关水分子的形成。他们通过两个实验，分别招募了 90 名和 71 名大学生来参与实验。两个实验的结果都表明，学习者一边阅读一边绘图促进了他们的阅读理解。该研究成果发表在国际期刊 *Learning and Instruction* 上。美国加州大学伯克利分校的 Zhang 和 Linn(2013)研究了一款计算机绘图工具是否能帮助中学生理解化学反应。研究的结果显示，绘图对于有较低水平已有知识的学习者来说非常有用，能帮助他们将他们的想法和化学图像整合起来。但是，他们的研究并没有显示绘图能够帮助有较高水平先备知识的学习者。英国诺丁汉大学的 Ainsworth、澳大利亚拉筹伯大学的 Prain 和迪肯大学的 Tytler 对绘制图像在科学学习领域的促进作用进行了总结。他们认为，绘图不仅可以促进学习投入度，促进学生学习科学领域的各种表征，可以帮助学生形成科学学习的思维，而且可以作为一种促进学生学习的策略，并且帮助他们通过绘图来交流。他们的这一研究成果发表于 2011 年的科学 *Science*。

另外，国内一些学者通过国际合作，也进行了一些有关绘画效应的实证研究。例如华东师范大学的 Lijia Lin 等人以及澳大利亚新南威尔士大学的 Chee Lee 和 Slava Kalyuga 也通过实证研究探索了绘图的效应。他们招募了 63 名在校大学生，让他们阅读有关人的心脏以及血液循环的科普短文。这 63 名大学生被随机分配到三种实验条件下，实验条件一为阅读完短文以后，再将短文阅读一遍；实验条件二为阅读完短文以后，将学到的内容画在纸上；实验条件三为阅读完短文以后，通过想象的策略将阅读获得的内容回顾一下。实验结果表明，对于先备知识较少的人来说，绘图策略对于促进他们的阅读理解较为有效。该研究成果发表于国际期刊 *The Journal of Experimental Education*。

教 育 启 示

让学生在学习的过程中绘制与学习有关的图像，这种教学策略之所以能促进学习，总的来说有两点原因：一是使学习者将单一呈现的信息转化为人脑可以通过双通道处理的信息，从而可以克服人处理信息的瓶颈，更有效地加工信息；二是能使学习者通过"产出"学习"产品"来提高其学习投入度，从而促进学习。因此，作为教育工作者，应该思考：

1. 学习并不仅仅是使用了现代化数字技术就能促进的。现代化的数字技术需要能够符合人的信息加工机制。如果教师在课堂中使用电子幻灯片呈现了大量的文字，特别是在讲解科学领域的内容的时候，那么效果可能并不如传统的黑板粉笔教学方式（假设传统的方法教师使用粉笔在黑板上使用了图像和文字的形式共同呈现）。问题的关键在于需要促使学生的学习过程（即信息加工过程）为双通道的信息加工过程。因此，在实际教学中，教师不仅仅可以通过图文并茂的形式呈现讲解的内容，而且还可以提示学生，让学生自行绘制学习有关的图像，从而使学生自行将单一形式呈现的教学内容转化为双通道形式。当然，绘制图像可以仅仅使用传统的纸笔的形式，也可以是通过技术平台，让学生在电脑端或者平板电脑端使用应用软件进行绘图活动。

2. 教学要注重学习者，以学生为中心，因此，教师的作用不仅仅在于教学生，更在于使学生投入学习活动中。在这个现代化的社会，无论是成人的学习还是青少年的学习抑或是幼儿的学习，都面临着怎样抗干扰的问题。可能有太多的干扰因素了，平板电脑上的游戏，check email，上社交网站查看更新和发信息，视频网站上的各种视频，智能手机上的各种推送等，都足以使学习者远离学习任务。因此，怎样使学习任务能够吸引学生就显得很重要了。教育工作者，特别是教学设计人员，如果能在设计教学活动的时候，增加让学习者绘制与学习有关的图像环节，则可以大大增加学习者的投入度。

参考文献

Ainsworth, S., Prain, V., & Tytler, R. (2011). Drawing to learn in science. *Science*, *333*, 1096-1097.

Alesandrini, K. L. (1981). Pictorial-verbal and analytic-holistic learning strategies in science learning. *Journal of Educational Psychology*, *73*, 358-368.

Chi, M. T. H. (2009). Active-constructive-interactive: A conceptual framework for differentiating learning activities. *Topics in Cognitive Science*, *1*, 73-105.

Chi, M. T. H. (2013). Two kinds and four sub-types of misconceived knowledge, ways to change it and the learning outcomes. In Vosniadou, S. (Ed.), *International Handbook of Research on Conceptual Change* (2nd ed.). (pp. 49-70). Routledge. Routledge Press.

Leopold, C., & Leutner, D. (2012). Science text comprehension: Drawing, main idea selection, and summarizing as learning strategies. *Learning and Instruction*, *22*, 16-26.

Leutner, D., Leopold, C., & Sumfleth, E. (2009). Cognitive load and science text comprehension: Effects of drawing and mentally imagining text content. *Computers in Human Behavior*, *25*, 284-289.

Lin, L., Lee, C. H., Kalyuga, S., Wang, Y., Guan, S., & Wu, H. (2016). The effect of learner-generated drawing and imagination in comprehending a science text. *The Journal of*

Experimental Education. in press.

Mayer，R. E. （2005）. Cognitive theory of multimedia learning. In R. E. Mayer（Ed.），*The Cambridge handbook of multimedia learning*. （pp. 31 - 48）. New York，NY，US：Cambridge University Press.

Paivio，A. (1971). Imagery and verbal processes. New York：Holt，Rinehart，& Winston.

Paivio，A. （1986）. Mental representations：A dual coding approach. New York：Oxford University Press.

Rich，R. Z. ，& Blake，S. （1994）. Using pictures to assist in comprehension and recall. *Intervention in School and Clinic*，*29*，271 - 275.

Zhang，H. Z. ，& Linn，M. （2013）. Learning from chemical visualizations：Comparing generation and selection. *International Journal of Science Education*，*35*，2174 - 2197.

第八章　社交媒体

　　社交媒体是近十年来出现的新生事物，是随着互联网逐渐兴起的新生事物。通过社交媒体，人与人不需要见面就可以社交：聊天，送礼物，写博客，写微博，分享照片、图片、视频或者新闻资讯，参与各种小游戏，结识新朋友等。国外流行的社交媒体有Facebook，Twitter，Youtube，Instagram，Tumblr，Whatsapp，LinkedIn等，中国大陆流行或曾经流行的有开心网，人人网（校内网），新浪微博，微信等。

　　虽然有的社交媒体在一段时间以后就没落了，也有社交媒体一直受人欢迎，但总的来说，社交媒体受到了大众的喜爱，收获了大量的用户。根据 Facebook 公司2015 年的统计报告，全球 Facebook 的活跃用户大约为十亿五千万，72％的成年网友每月至少访问 Facebook 一次，Facebook Messenger 用户超过八亿；根据 Twitter 公司2015 年的统计数据，全球共有十亿注册用户，每月通过电脑和移动设备访问 Twitter的用户大约有一亿两千万。在中国大陆十分流行的微信，2015 年的用户数量也突破了六亿，而另一流行的社交媒体新浪微博，在 2015 年的月活跃用户数量也达到了2.12 亿。

　　以上这些数字反映出在互联网成为人们生活的一部分的今天，人们对于社交媒体的热衷程度。只要你仔细观察，就会发现这些社交媒体有多受欢迎了。在美国一所公立大学的教室内，年轻的大学生们坐下来的第一件事就是登录他们的 Facebook 账号，然后浏览朋友们在 Facebook 上面的更新。在中国大陆的地铁上，你可能会发现你身边超过 80％的人在低头玩手机，而这其中使用微信和人聊天以及浏览朋友圈的人又占了绝大多数。

　　社交媒体在互联网时代的大行其道，引起了研究人员的注意。

社交媒体的相关教育研究简述

由于社交媒体的流行，国外计算机科学、软件科学、心理学、教育学等各个领域都对社交媒体从不同角度进行了研究。

Facebook 公司核心数据科学团队的 Adam Kramera 和美国康奈尔大学传播与信息科学系的 Jamie Guillory 和 Jeffrey Hancock 利用 Facebook 平台进行了一项有关情绪传染的研究。研究人员在 2012 年一月中旬的一个星期内，随机选择了大约三十万 Facebook 用户，其中大约一半人在实验期间所浏览的内容更新（News Feeds）里面的积极情绪内容被减少了，而另一半人在实验期间所浏览的内容更新（News Feeds）里面的消极情绪内容被减少了。研究结果发现，当用户的内容更新里面积极情绪的内容被减少以后，用户在 Facebook 上会发更多消极的内容，而积极的内容会发的比较少；用户的内容更新里面消极情绪的内容被减少以后，用户发文的规律则正好相反。

该研究发表在 2014 年美国国家科学院报 *Proceedings of National Academy of Science* 上。但该研究一经发表，就引起了广泛的争议。按照美国相关法律以及机构审批委员会（Institutional Review Board）（每一所大学或研究机构的研究道德伦理审批委员会）的规定，参与实验研究的人员有知情权，并且能在研究的任何阶段自愿终止研究而不受到任何惩罚。但是参与这项研究的 Facebook 用户对于自己参与了这项研究并不知情，由此很多人认为此项研究违背了伦理性原则。但是 Facebook 声称，用户在注册 Facebook 时，都阅读了 Facebook 公司的用户协议，其中有相关条款规定为，注册用户将自愿参与 Facebook 公司的研究，因此，这项研究合乎研究道德伦理的要求。这场争议，以及彼时爆出的斯诺登事件，引发了美国社会对于用户信息安全和隐私的大讨论。

2010 年，国际期刊计算机与教育 *Computers & Education* 发表了一项旨在研究 Facebook 教育潜力的实证研究。该研究由土耳其哈西德佩大学 Hacettepe University 的 Mazman 和 Usluel 合作完成。研究人员通过网络问卷的形式调查了 606 名 Facebook 用户。研究人员通过建立结构方程模型以及数据验证的方法认为，Facebook 的教育用途包含交流、合作以及信息和资源的分享三个方面，使用的目的会直接影响这三个方面，而有用性、使用的简单性、社会影响性、促进条件和社区识别会间接影响这三个方面。

2014年,计算机与教育 *Computers & Education* 还发表了一项由阿联酋和美国研究人员联合完成的研究。他们在美国中西部的高中里对750学生进行了问卷调查,旨在探索影响学生在 Facebook 上进行非正式学业合作的影响因素。通过统计分析发现,学生的学业表现、高阶的互联网信息检索技能、从 Facebook 的朋友得到的工具性支持以及对 Facebook 朋友实际帮助的感知是影响学生利用 Facebook 开展合作学习的因素。

2015年,计算机与教育 *Computers & Education* 还发表了一项四位马来西亚研究人员的实证研究。这项研究是在马来西亚的五所公立大学发放问卷,共发放2 000份问卷,回收1 200份。研究人员通过数据验证了两个假设:(1)社会接受度与 Facebook 使用密度呈正相关;(2)文化适应和 Facebook 使用密度有关联。研究结果显示,社会接受度的确与 Facebook 使用密度呈正相关,即如果一个人自我感觉被社会接纳的程度越高,那么他/她使用 Facebook 越多。但是文化适应和 Facebook 使用密度无关,即无论一个人对于其所处环境和文化的理解是怎样的,都不会显著影响他/她使用 Facebook 的密度。另外,该项研究还发现,学生 Facebook 的使用密度竟然与他们的学业表现呈正相关,即学生使用 Facebook 越多,他们的学业成绩越好。

这三项先后发表在计算机与教育 *Computers & Education* 期刊上的调查研究,不仅很好地用数据揭示了 Facebook 的教育潜力,而且显示出在不同的文化中 Facebook 都具有潜力去影响教育。当然,我们还可以进一步推断,社交媒体也具有很大的教育潜力,如果运用到教育中,可能会给教育带来积极的影响。

社交媒体的启示和教育反思

社交媒体的流行,同样也值得教育者反思。分析社交媒体,会带给当代教育者很多启示。

1. 教学方式

传统的教育方式是学生走近课堂,听老师讲课,以此来学习知识。在这种教育模式下,教师具有绝对的权威,教学方式也大多为教师一言堂。这种情况在今天中国大陆的小学、中学甚至大学中都很常见甚至很普遍。教育心理学把这种方式称为以教师为中心的教学方式。但是,学生不是产品,教育也不是产品生产线。学生也有他们自己的声音，他们也有发出声音的愿望。社交媒体之所以受欢迎，原因之一在于，每个人都可以成为信息的发布者，发布的信息也不再局限于国际重大热点事件或是国家大事，而可以是普通人生活中的一个个小点滴。那么，作为教育者，也应该反思，是否应该采用以学生为中心的教学方式。在美国大学课堂里的第一节课，教师往往会将教学大纲发给学生，在给学生讲述课程大致构成、教学形式等基本信息时，几乎每个教师都会说"This is a learner-centered class."或类似的话，告诉选课的学生，这门课是以学生为中心的形式开展的。基于这样的教学思路，你可能会看到，在三个小时的课堂里，老师花四十分钟到一小时的时间讲解内容以后，就开始让学生提问，老师会不厌其烦地解释，这个过程大约为二十分钟，休息半小时以后，这样讲解加答疑的过程继续；你也可能会看到，老师在花了四十分钟到一小时的时间讲解内容以后，就开始让在座的学生互相讨论半小时左右，然后让大家来发言，各抒己见，最后老师总结。这样的方式有利有弊，但不可否认，这样的教学方式给了学生很大的发言权，形成了在教室中讨论的氛围，大家在讨论中思想碰撞，学习知识。走出课堂，学生也会适应整个社会对热点问题的大讨论，而不是在社会中"一言堂"。

对于中国大陆的情况而言，我们不得不承认亚洲人较为含蓄，不善于发表自己的观点。而在中国这样一个讲究集体观念的社会中，很多时候统一思想也是大家的共识。所以，虽然我们不能将美国的方式照搬，但仍然值得中国大陆的教育界思考，怎样在现有的以教师为中心的教学方式中更多地让学生参与进来，以怎样的方式让学生参与进来。这都需要教育研究人员进行更多的实证研究来探索。

2. 教育技术

几十年前，黑板和粉笔是教育的主要"技术"，今天，使用微软 Office 软件中的 PowerPoint 制作幻灯片，然后在讲课的时候播放，似乎是老师和学生比较习惯的一种方式。但是，可能有些人觉得，这样的教育技术和以前相比，似乎并没有什么太大的差别。教育者应该思考，技术怎样和教育结合，才能发挥其最大的潜能，教育技术应该怎样发挥其有效性。难道仅仅是顺应潮流，用一下技术吗？

社交媒体是依托互联网技术、电脑技术以及移动技术的成熟而兴起的。没有技术的发展和成熟，就没有社交媒体的今天。可以说，社交媒体和今天的技术完美地结合在一起，不仅因为网络和移动设备的技术普及了，还因为社交媒体的在线模式，移动性和灵活性与这些技术紧密结合。当人与人面对面交流的时候，交流是实时的，有肢体动作,有声音,还有环境。而在社交媒体中,人与人的交流多样化,可以选择使用摄像头进行视频交流,也可以选择仅仅用声音来交流,还可以选择只使用文字交流;人与人的交流可以实时进行,也可以非实时进行;可以和单个的人交流,也可以和一群人交流。社交媒体这样的多样化特性,是人与人面对面交流时所没有的。因此,技术在当今教育中的作用,不仅仅是一种载体和工具,更应该是教育多样化的一种工具和保证。

在线教育/网络教育在中国大陆已经有很多年了,但是它似乎并没有改变什么。人们印象中上学就是去学校,走进课堂里听老师讲。中国大陆的教育者应该考虑,将传统的课堂教育和在线教育进行有机结合,尤其是大学阶段。这样,学生的学习就可以更灵活,学生可以利用这样的机会,去公司实习或者去做自己喜欢的事情。在美国的大学中,有相当一部分课程是在线课程,学生无需到校园里上课,通过学习管理系统(例如 Blackboard),教师发布课程资源和信息,学生进行在线的学习和测试,课程合格就计入学分,和面授课程获得的学分完全一样。当然,在很多中国大陆的人看来,在线教育质量不好。学习就应该在课堂里,上学就是在课堂里听老师讲。这就要求大家转变观念,当然这种观念的转变应该首先从教育者开始。

当然,教育多样化的途径还有很多,需要研究人员通过科学的方法去探索和验证。技术的到来,不仅仅应该应用到教育实践中,还应该发人深思,引导人们改变传统观念,这也是社交媒体给我们的启示之一。

3. 社交

当前社交媒体如此受用户欢迎,说明大众有社交的需求。传统的一台晚会、一场迎春活动已经满足不了社会大众对社交的需求。大众想要分享作为一个普通群众的一天的生活,或者他/她的喜怒哀乐,或者他/她对这个世界的看法,人们还希望把这些和他/她的朋友、家人讨论和分享。虽然亚洲人大多比较含蓄,但社交媒体的出现使得含蓄的人们也可以社交,将内心的想法呈现在很多人面前。

中国大陆的教育者们需要反思,在我们的教育中,怎样才能给学生足够的时间和机会社交,让学生与学生之间,甚至是学生与老师之间,学生和家长之间的沟通和交流丰富起来。这一点很重要。在中国大陆的媒体上经常可以看到批评学生社会适应能力差的报道。但是事实上,教育者们和家长们可能一边在把学生捆绑在做题、背书、学英语、练钢琴等各种活动上,另一边却在指责当今的学生缺乏社交能力和社会适应能力。

另一方面,社交媒体的流行还给了我们一个启示:当前社会个体的需求越来大。中国大陆的社会形式一直以来是以国家、集体利益为重，个体的需求被遏制了。在当前社会转型期，人们可以比较轻易地接触到海量的信息，进而形成各自的观点和看法。教育者们甚至整个社会都应该思考，在这样的形式下，集体的需求和个人的需求怎样有机整合，做到既达到了集体的目标又满足了个体的需求。

4. 隐私和信息安全

在社交媒体和人们的生活紧密结合的今天，信息安全也越来越受到人们的关注。人们在通过社交媒体发布各种信息的时候，或者在社交媒体的群中高谈阔论的时候，也开始注意保护自己的隐私以及其他个人信息的安全。人们对于私人的、私密的信息和大众的、公开的信息之间的界限的理解越来越深刻。

作为教育者，更应该经常思考，在教育中，什么是学生、老师、学校或者其他相关机构的"隐私"，什么是可以和同学、老师、同事甚至整个社会分享的。例如，在中国大陆，考试题目在考试之前是国家机密，任何人泄露试题都是违法的。那么，在考试结束之后，试题应该像现在这样可以公开的，甚至整个社会都可以来讨论的（高考作文），还是依然应该保密？在美国，在法律的约束下，人们知识产权的意识很高，因此，在法律和人自我约束的双重压力下，考试题目在测试结束以后依然是保密的，有时候考生可能会在考试之前签署保密协议。当然，文化不同，法律和人的思想都有不同。教育者在实际教育情境中应用社交媒体时，要时刻牢记隐私和信息安全，以免被类似斯诺登的人窃取和利用。

参考文献

Ainin, S., Naqshbandi, M. M., Moghavvemi, S., & Jaafar, N. I. (2015). Facebook usage, socialization and academic performance. *Computers & Education*, *83*, 64 – 73.

Khan, M. L., Wohn, D. Y., & Ellison, N. B. (2014). Actual friends matter: An internet skills perspective on teens' informal academic collaboration on Facebook. *Computers & Education*, *79*, 138 – 147.

Kramer, A. D. I., Guillory, J. E., & Hancock, J. T. (2014). Experimental evidence of massive-scale emotional contagion through social networks. *PNAS*, *111*, 8788 – 8790.

Mazman, S., G., & Usluel, Y. K. (2010). Modeling educational usage of Facebook. *Computers & Education*, *55*, 444 – 453.

第九章　研究案例一：图像与视觉线索

引　言

随着计算机技术的进步，图片在计算机辅助教育环境中的应用已经十分普遍，并且越来越受欢迎。在过去的几十年里，研究人员进行了大量的研究，来探索在多媒体学习环境中使用静态图像和动态图像对学习的益处以及各种相关的问题。其中两个重要的问题是：（1）呈现形式的相对有效性，即动画和静态媒体的比较；（2）视觉线索潜在的教学促进作用。本研究主要探讨呈现形式和视觉线索这两个因素单独或互相结合起来对多媒体的学习环境中科学知识习得的影响。

教学动画

Betrancourt 和 Tversky 提出，动画是一种"生成一系列的帧，使每一帧替代前一帧"的视觉呈现形式（2000，p. 313）。因此，本质上，动画能够生动地呈现随时间变化的事件，如运动、过程和程序图像。比起静态图像，动画能为学习者提供更多的构建动态内部表征的外部支持。过去几十年的一些研究揭示了教学动画的积极作用，从而为在教学实践中使用提供了依据。例如，Rieber（1990）让研究参与者通过基于计算机的教学方式来学习牛顿运动定律。该教学方式分别使用静态和动态的图像来呈现教学内容。研究结果显示，动画图像条件下的研究参与者比静态图像下的参与者能更好地理解牛顿定律的概念和规则。在另一项研究中，参与者在课程中分别观看了化学反应的动态和静态图表（Yang，Andre & Greenbowe，2003）。研究人员发现，在教师控制教学节奏的非自主学习的情况下，动画实验条件中的参与者比静态图像组的参与者更好地理解了化学概念。Kriz 和 Hegarty(2007)使用动画进行了一系列的实验，来教授学习者关于冲水系统的知识。他们发现，不考虑动画是否有视觉线索(signaling devices)这个因素，通过动画学习的研究参与者比通过静态图像学习的参与者更好地理解了冲水系统。Hoffler 和 Leutner(2007)的元分析显示，从大量的实证研究来看，动画在总体上对学习是有积极作用的。其他一些具体的实证研究也支持"动画对学习有效"的结论(例如，Arguel & Jamet，2009；Ayres，Marcus，Chan & Qian，2009；Catrambone & Seay，2002；Large，Beheshti，Breuleux & Renaud，1996；Münzer，Seufert & Brünken 2009；Wong et al.，2009)。值得注意的是，动画在十分广泛的领域中，包括科学(物理和化学的概念)、工程(机械系统)和日常生活技能(折纸和编绳)，均体现出其对学习的积极效果。

认知负荷理论(Paas，Renkl & Sweller，2003；Schnotz& Kurschner，2007；Sweller，van Merrienboer & Paas，1998)为解释教学动画相比静态图像的优越性提供了理论框架。该理论假定人的工作记忆能力有限，认为学习是一个图式(schema)获取的过程。认知负荷有三个子成分——内在负荷、外在负荷、关联负荷(germane load)。内在负荷是由元素交互性决定的。在学习者的某领域专门知识不变且学习材料指定的情况下，它不会改变(Schnotz & Kurschner，2007)。外在负荷是由与学习无关的、不恰当的教学形式引起的，而适当的教学设计能促进与学习相关的认知活动，即促进关联负荷。通过观看教学动画，学习者不需要通过耗费大量的认知资源来构建动态表征，从而可以使得更多的认知资源得到释放，用来进行与学习相关的认知加工和深度加工。另一方面，使用静态图像进行学习需要信息整合和推理，这可能对学习者产生相当人的认知负担。一些研究发现，这些额外的信息加工需求可能会导致学习者经历认知超载(cognitive overload) (Hegarty，1992；Hegarty & Just，1993)。

Tversky，Morrison 和 Betrancourt (2002)得出的结论是，一些综述研究(例如，Park Gittelman，1992；Thompson & Riding，1990) 中发现的动画的优越性应该归因于动画相比静态图像能够传达更多的信息，而不是动画本身有效。通过控制一系列实验中不同类型图像的信息量，一些研究人员(Mayer，Hegarty，Mayer & Campbell，2005)发现，对于促进识记和迁移(retention and transfer)来说，纸质静态媒体(即，伴有文本的插图)与基于电脑系统步调的(system-paced)带有描述的动画具有相同甚至更好的效果。认知负荷理论可以为动画效用的失败提供一种可能的解释：由于动画转瞬即逝的特性，学习者需要学习当前动画所传递的信息，同时参考之前的学习内容。

因此,学习者可能会体验到大量的外在认知负荷,这会阻碍学习。Mayer 和 Chandler (2001)发现,和观看一整段连续动画的学习者相比,学习者通过观看分段式的、学习者可控的动画,能够更深入地理解闪电的形成。因此,为了减轻动画转瞬即逝所带来的影响,教学设计人员应该给予学习者控制动画的权力(Ayres & Paas,2007)。分段式动画和交互性是基于技术的学习环境中提供学习者控制权力的两种具体的技术手段(Mayer & Moreno,2003)。

通过文献综述可以发现,目前旨在比较动画和静态图像有效性的实证研究结果是存在分歧且互相矛盾的。一些实证研究的结果显示出了使用教学动画的优势,而其他研究结果显示动画和静态图像对学习的效应是相同的。还有一小部分研究结果发现,静态图像的效果更好。因此,如果不考虑一些具体问题和因素,而对动态图像和静态图像进行简单的比较的话,这类研究是不会产生系统的结果和结论的。正如 Hegarty (2004,p.344)指出的,研究人员应该研究"必须具备何种条件才能使动态图像对学习有效"。Hoffler 和 Leutner(2007)发现,不同类型的知识(如陈述性知识、问题解决知识和程序性知识)会造成动画的效应量(effect sizes)不同:动画用于教授程序性知识时的效应量最大,用于教授问题解决知识时的效应量最小。因此,动画和静态图像的比较也应考虑不同的知识类型。

视觉线索

在多媒体学习环境下,信息通过视觉或听觉渠道以各种形式来呈现,如图片、屏幕上的文本和声音讲解。当声音解说和图像一起呈现时,学习者可能需要搜索图像上的相关信息来构建他们看到的和听到的信息之间的联系。在呈现复杂图像的学习环境中,搜索与工作记忆中保持的声音讲解信息匹配的视觉信息并以此建立两者之间的联系,对学习者来说可能比较困难,这样的认知过程可能导致较高的外在负荷。在这种情况下,学习者可能会通过关注图像中明显的但和学习不相关的部分来感知和理解,从而导致学习表现不佳(Lowe,2003)。视觉线索是在多媒体环境中引导学习者注意力的技术手段之一。

视觉线索是在图像中加入非内容的信息(如箭头、圆圈和着色)。研究显示,多媒体学习环境中,视觉线索能够有效地引导学习者对动画的关注(de Koning,Tabbers,Rikers & Paas,2009;de Koning,Tabbers,Rikers & Paas,2010a)。因此,视觉线索可以促进学习者选择相关信息的认知过程。而选择相关信息是积极学习中三个核心的认知过程之一(Mayer, 2005)。从认知负荷的角度来看，大量的研究发现，视觉线索是一种多媒体学习环境中减少外在负荷的有效方法(参见综述：Mayer & Moreno, 2003；Wouters, Paas & van Merrienboer, 2008)。还有一些研究的结果支持了视觉线索对教学有益的观点(Atkinson, Lin & Harrison, 2009；de Koning, Tabbers, Rikers & Paas, 2007, 2010b；Jamet, Gavota & Quaireau, 2008；Jeung, Chandler & Sweller, 1997；Kalyuga, Chandler & Sweller, 1999)。例如，de Koning et al. (2007)进行了一项研究，他们探究了有视觉线索的心血管系统动画的有效性，他们的视觉线索使用的是聚光灯效应。他们比较了分别观看有视觉线索和没有视觉线索动画的学习者的学习结果。实验结果表明，有视觉线索的动画条件下的参与者在理解和迁移测试中的分数明显更高。Jamet et al. (2008)在他们的研究中将着色编码技术作为视觉线索。他们发现，学习有视觉线索的人脑图像的参与者的表现明显优于学习无视觉线索图像的参与者。在学习效率方面，Kalyuga et al. (1999)发现，颜色编码的图像比传统的非颜色编码图解更能促进高效的学习。

研 究 概 览

当前研究的目的之一是探究动画是否比静态图像能更有效地促进学习，即学习地球科学内容——岩石循环的概念和过程。岩石循环是一个包含形成、分解和地球上主要的三种类型的岩石(火成岩、沉积岩、变质岩)间的转换模型。

教学内容要求学习者学习岩石循环的概念和过程，为了获得这些概念和过程的知识，学习者需要准确地构建有关岩石是如何形成的动态心理表征。通过这种类型的学习内容，动画有可能促进知识建构(Hoffler & Leutner, 2007；Rieber, 1990；Yang et al., 2003)。因此，研究人员假设动画能促进概念和过程的学习。研究还探究了多媒体环境下，添加视觉线索的图像在促进科学学习的潜在认知效益。基于前一节的文献综述，研究人员假设视觉线索对于促进学习是有效的。

除此之外，研究人员同样研究了学习、认知负荷和动机。通过为学习者提供动画控制，动画转瞬即逝的性质可以被克服。因此，研究人员猜测，当与静态图像进行比较时，动画可以减少外在负荷，从而提高关联负荷。研究人员也预测，视觉线索能够在多媒体学习环境中减少外在负荷，这也与 Mayer 和 Moreno(2003)以及 Wouters et al. (2008)的观点相符。只有少量的研究调查了在多媒体学习中的学习者动机，如，在学习代理人存在的环境中的动机(Moreno, Mayer, Spires & Lester, 2001)，基于动画的在线环境中的动机(Rosen, 2009)或认知兴趣较低的儿童的动机(Kim, Yoon, Whang, Tversky & Morrison, 2007)。由于动机影响学习(Boekaerts, 2007; Husman & Hilpert, 2007)，本研究旨在探究多媒体环境下动画和视觉线索对学习者内在动机的潜在影响。

研究人员操控了两个自变量：呈现形式（动画 vs. 静态图像）和视觉线索（有视觉线索 vs. 没有视觉线索）。其他变量，如教学内容、学习者水平的控制和演示片段的数量保持不变。本研究包含多个因变量，包括学习成绩、主观认知负荷和内在动机。因为在学习阶段没有时间限制，学习时间也作为一个过程变量来测量。此外，由于研究(ChanLin, 1998, 2001; Kalyuga, 2007, 2008; Kalyuga, Ayres, Chandler & Sweller, 2003)显示，学习者的已有知识和教学呈现形式之间具有相互作用，研究人员对学习者的已有知识进行了统计学上的控制。

学习效率分数通过公式 $E = (Zperformance - Zlearningtime)/\sqrt{2}$ 来计算。该公式改编自之前的文献(Paas & van Merrienboer, 1993; van Gog & Paas, 2008)，且 Gerjets, Scheiter, Opfermann, Hesse 和 Eysink(2009)也使用过。通过使用学习效率这一概念，本研究同时考虑了学习成绩和学习时间。学习效率分数越高，教学就越有效。

方　法

研究参与者与研究设计

来自某大学的 119 名参与者(61 位男性和 58 位女性)参加了实验。他们是从教育学院教育心理学和计算机导论课程，和学校的其他学生中招募而来，均超过 18 岁，平均年龄为 25.57 岁(SD = 8.98)，参与者都获得了少量的补贴。

本实验使用前测和后测、2(动态图 vs. 静态图)×2(有视觉线索和没有视觉线索)组间设计，参与者被随机分配到四个情境中的一个：(a)静态图和视觉线索，(b)静态图，没有视觉线索，(c)动画和视觉线索，(d)动画，没有视觉线索。

由于技术问题，七位参与者的数据没有被电脑程序记录。因此，这些数据被剔除，最终分析了共 112 位参与(每个情境 28 人)的数据。

计算机辅助的学习环境

基于计算机的教学材料旨在开展有关岩石循环的课程，描述了三种岩石（火成岩、沉积岩和变质岩）的特性。同时，为了展示不同种类的岩石如何互相转化，课程也涉及火山爆发、风化、水土流失和变质作用等过程知识。通过学习这一领域的概念和过程，学习者建构了他们对于岩石循环的内部表征。

学习环境是通过 Visual Basic 创建的，其中嵌入的二维图像是使用 Adobe Flash 来创建的。在所有的四个实验条件中，研究参与者会听到没有外国口音的女声叙述内容，同时观看与内容相关的图像。四个不同的条件下图像的形式不同，在有视觉线索的动画条件下，参与者观看了 20 段关于三种主要类型的岩石的特征和彼此之间的转换过程的动画。动画中加入了视觉线索（例如，红色箭头）来强调重要信息。具体地说，箭头用来突出概念（如岩石的名称）或过程（如风化作用）。本研究中没有使用诸如圆、焦点或指示的手等其他类型的视觉线索。无视觉线索动画条件下的研究参与者观看了和有线索动画条件下排列顺序、数量和讲解都相同的动画片段，只是没有添加任何视觉线索。在有线索的静态图像条件下（图 1），研究人员通过基于计算机的学习环境为研究参与者呈现了有线索动画相应片段中的 20 个关键帧的图像，而无线索动画条件下，为研究参与者呈现了无线索动画相应片段中的 20 个关键帧的图像（图 2）。为确保四个条件下传递的信息尽可能等价，20 张静态图像与 20 个动画片段的讲解也完全相同。

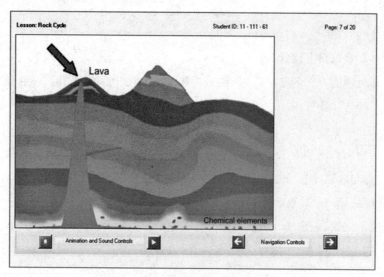

图 1　有视觉线索的静态图像样例

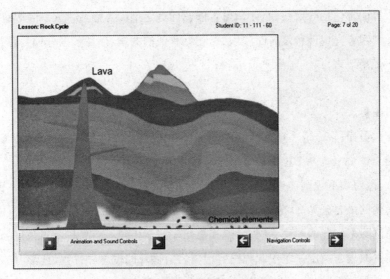

图 2　无视觉线索的静态图像样例

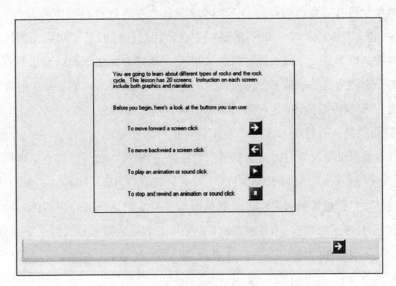

图 3　教程界面

　　课程开始之前，教程界面（图3）出现，对导航功能和所提供的多媒体环境进行了简要描述。内容相关的图像或讲解均不出现在本教程。基于计算机的课程内容分为20个独立界面。在动画的条件下，学习者可以使用位于每个屏幕上动画底部的两个按钮，控制讲解和动画的停止或开始。为了保持视音频同步，这些按钮既控制动画也控制讲解。在两个静态图像的条件下，学习者可以通过两个按钮控制讲解的停止或开始。每个界面都包括导航按钮，使学习者能够回到之前的界面或进入下一界面观看视觉素材。学习者完成课程没有时间限制。然而，他们的学习时间（以分钟为单位）会被电脑程序记录下来。

测量工具

研究人员通过 20 道多项选择题的前测调查来测量参与者的已有知识，每个测试问题有四个选项——一个正确答案和三个干扰项。前测中的所有题目由计算机程序自动打分，按照如下规则：一个不正确的答案记 0 分，一个正确答案记 1 分。因此，前测中可达到的最高分为 20 分。后测是用来测量经过指导后参与者对于材料的理解。后测与前测除了问题的顺序不同之外，其他几乎完全相同。前测和后测题目的顺序通过一张随机数表来确定。鉴于课程内容包含岩石循环的概念和过程，且学习的目标是知识获得，因此测试被分为两部分，分别用来测量概念和过程的理解。具体来说，10 个问题测量学习者对概念的理解，10 个问题测量学习者对过程的理解。在 Jamet et al.（2008）和 Münzer et al.（2009）的研究中也使用过同样的对不同形式的测试进行分类的方法。以下是一个概念理解的测试问题："地球表面之下的熔融状岩石叫什么名字？"四个选项为：A. 岩浆 B. 火山岩浆 C. 底泥 D. 火山岩。以下是一个过程理解的测试问题："根据岩石循环，以下哪一项不正确？"四个选项为：A. 火成岩会变成变质岩 B. 岩浆会结晶从而形成火成岩 C. 沉积岩风化形成火成岩 D. 变质岩融化变成岩浆。

研究人员假设学习者有能力反思他们的认知过程，并在数值量表上提供他们的反应（Gopher & Braune, 1984；Paas, Tuovinen, Tabbers & Van Gerven, 2003）。因此，研究人员使用自我报告的问卷形式来测量参与者的认知负荷和内在动机。用三个主观的问题（即任务要求、努力和导航要求，见表 1）来测量认知负荷的每个子成分（即内在负荷、外在负荷和关联负荷）。这些测量试题改编自 NASA - TLX（Hart & Staveland，1988），在 Gerjets, Scheiter, Catrambone（2004）和 Scheiter, Gerjets, Catrambone(2006)的研究中对它们也有描述。根据 Scheiter et al.（2006）的观点，假定的理论子成分和修改后的 NASA - TLX 量表的各项间存在映射关系。研究参与者为 8 点利克特量表上的三个问题逐一打分，第一个问题中，"1"代表简单，"8"代表要求过高；第二个问题，"1"代表不难，"8"代表非常困难；第三个问题，"1"代表不努力，"8"代表非常努力。参与者的内在动机也同样通过从 1（完全不符合）到 8（非常符合）的 8 点李克特量表测量，从"1"（不真实的）到"8"（真的）。测量内在动机的测试题总共有 15

个项目,改编自 Ryan 的研究(Ryan, 1982),它有六个分量——兴趣、能力、价值、努力、压力和选择来评估内在动机(见表2)。

表1　认知负荷测量

项目	测量指标	表征
1. 任务要求进行几项脑力或体力活动? 即,你认为学习任务简单还是要求很高的?	任务要求	内在负荷
2. 对你来说,理解学习环境中的概念有多难?	努力	关联负荷
3. 为了通过该学习环境,你需要投入多大努力(例如,要决定打开不同的超链接或找到前进的方法)?	导航要求	外在负荷

表2　内在动机选项

项目	分量
1. 我认为这个活动很无聊。	兴趣
2. 我认为我在活动中表现很好。	能力
3. 我认为进行这项任务非常有用。	价值观
4. 活动中,我并没有十分努力。	努力
5. 任务中,我完全没感到紧张。	压力
6. 活动中我能进行几种选择。	选择
7. 在任务中表现好对我来说很重要。	努力
8. 我相信这个任务对我有好处。	价值观
9. 活动中我感到非常紧张。	压力
10. 我之所以参加活动是因为我别无选择。	选择
11. 活动很有趣。	兴趣
12. 我非常努力。	努力
13. 这是一项我无法完成得很好的活动。	能力
14. 我相信这个活动对我来说有些价值。	价值观
15. 我可能会用"有趣"来形容这个活动。	兴趣

步骤

研究在实验室环境中进行。研究一开始,一名研究人员要求研究参与者签署参与同意书。接下来,每位研究参与者坐在一个单独的小隔间里,面对电脑。研究人员简要介绍实验流程。然而,参与者不知道不同的条件和实验中的研究问题有哪些。然后,他们开始在电脑上进行前测,这一过程没有时间限制。完成前测后,每个参与者都获得一个随机分配的实验 ID，开始基于计算机的课程学习。一旦参与者完成了课程，他们需要完成后测和一个问卷调查。每一项任务都没有时间限制。问卷有两个部分：主观认知负荷测量和内在动机测量。在完成后测和问卷调查之后，参与者获得感谢和补贴。参与者需要大约 30 分钟来完成整个实验。

结　　果

研究人员将所有学习成绩的平均数从原始分数转化为百分比。统计分析的 α 水平定为 0.05。Cohen 作为效应量指标。因此，0.02、0.15 和 0.35 被定义为小、中和大效应的数值(Cohen, 1988)。

已有知识

为了评估四个实验条件下参与者的已有知识是否显著不同，研究人员进行了单因素方差分析(ANOVA)，结果显示在四个条件下的前测分数没有显著差异，$F(3,108) = 1.18, MSE = .03, p = .32, f = 1.8$。此外，参与者前测中概念知识没有显著差异 $[F(3,108) = .86, MSE = .05, p = .47, f = .15]$，前测中的过程知识也没有显著差异 $[F(3,108) = 1.58, MSE = .04, p = .20, f = .21]$。

学习成绩

研究人员进行了两因素协方差分析(ANCOVA)，旨在评估呈现形式(静态与动态)和视觉线索(有线索和无线索)对参与者概念理解的影响。前测中概念正确理解的百分比作为协变量。首先，研究人员对斜率同质性假设进行了检验，统计结果显示，呈现形式和协变量间的相互作用并不显著 $[F(1,108) = 3.29, MSE = .02, p = .51, f = .07]$，且视觉线索和协变量间相互作用也不显著 $[f(1,108) = .25, p = .62, f = .04]$，这表明协变量和因变量(即概念理解)间的关系，并不是两个自变量(即呈现形式和视觉线索)的函数，不随自变量的变化而变化。因此，研究人员进行了两因素协方差分析，分析结果显示动画和静态图像条件之间的差异显著，$F(1,107) = 4.18, MSE = .02, p = .04, f = .20$，表明动画效果($M = 86.4\%, SD = .14$)优于静态图像($M = 82.5\%, SD = .16$)，效应量为中到高。然而，对于概念理解来说，有视觉线索条件($M = 84.8\%, SD = .14$)和无线索条件($M = 84.1\%, SD = .17$)之间没有显著差异，

$F(1,107)=.81, p=.37, f=.09$。交互作用也不显著，$F(1,107)=.03, p=.85, f=.02$。

　　研究人员还进行了两因素协方差分析（ANCOVA），旨在评估呈现形式和视觉线索对参与者过程理解的影响。前测中对过程正确理解的百分比作为协变量。在两因素协方差分析（ANCOVA）之前，研究人员先进行了斜率同质性假设的检验。初步分析显示，呈现形式和协变量间的相互作用并不显著 $[F(1,108)=.01, MSE=.02, p=.93, f=.01]$，且视觉线索和协变量间相互作用也不显著 $[F(1,108)=.66, p=.42, f=.08]$，这表明协变量和因变量（即过程理解）间的关系，并不是两个自变量（即呈现形式和视觉线索）的函数，不随自变量的变化而变化。因此，研究人员进行两因素协方差分析。分析结果显示动画和静态图像条件之间无显著影响，$F(1,107)=.07, MSE=.02, p=.80, f=.03$，有视觉线索条件和无线索条件下情况相同，$F(1,107)=.30, p=.59, f=.05$。同样，无交互作用，$F(1,107)=.05, p=.83, f=.02$。

　　研究人员通过进行三次两因素协方差分析（ANCOVA）来评估呈现形式和视觉线索对学习者的任务要求、努力和导航要求的影响，这些分别用于表示内在、外在和关联认知负荷。协变量是所有前测问题的正确率，因此本研究对参与者的已有知识进行了统计学控制。在每次进行协方差分析之前，都对斜率同质性假设进行了检验。初步分析显示：（a）任务要求上，呈现形式和协变量之间无显著相关 $[F(1,108)=.10, MSE=2.64, p=.75, f=.03]$，视觉线索和协变量之间无显著相关 $[F(1,108)=.01, p=.92, f=.01]$；（b）努力上，呈现形式和协变量之间无显著相关 $[F(1,108)=.08, MSE=3.33, p=.78, f=.03]$，视觉线索和协变量之间无显著相关 $[F(1,108)=.97, p=.33, f=.09]$；（c）导航要求上，呈现形式和协变量之间无显著相关 $[F(1,108)=.30, MSE=3.17, p=.58, f=.05]$，视觉线索和协变量之间无显著相关 $[F(1,108)=2.16, p=.15, f=.14]$。因此，研究人员进行两因素协方差分析结果显示，任务要求——内在负荷，主效应或交互作用均不显著：呈现形式的主效应，$F(1,107)=.06, MSE=3.24, p=.81, f=.03$；视觉线索的主效应，$F(1,107)=1.09, p=.30, f=.10$；对于交互作用，$F(1,107)=.44, p=.51, f=.06$。此外，作为外在负荷表征的导航要求的主效应和交互作用均不显著；呈现形式的主效应，$F(1,107)=1.39, MSE=3.08, p=.24, f=.11$，视觉线索的主效应，$F(1,107)=2.32, p=.13, f=.15$，交互作用，$F(1,107)=2.90, p=.09, f=.16$。

学习时间

研究人员通过两因素协方差分析（ANCOVA）来探究四种实验条件下参与者学习所用时间上是否有显著差异。对有视觉线索条件（$M = 8.15\,\text{min}, SD = .21\,\text{min}$）和无视觉线索条件（$M = 8.81\,\text{min}, SD = .21\,\text{min}$）的统计分析显示出明显差异，$F(1, 108) = 4.83, MSE = 2.52, p = .03$，表明无视觉线索条件下的参与者比有视觉线索条件下的参与者，在学习上花费了更多时间。研究人员通过两因素协方差分析（ANCOVA）探讨了参与四个实验条件是否花了明显不同的时间来学习。效应量（$f = .21$）显示视觉线索具有中度效应，动画条件（$M = 8.40\,\text{min}, SD = 1.10\,\text{min}$）和静态图像条件（$M = 8.56\,\text{min}, SD = 2.05\,\text{min}$），没有显著差异，$F(1, 108) = .29, p = .59, f = .05$。此外，结果显示两自变量间有显著交互作用，$F(1, 108) = 5.60, p = .02, f = .23$。因此，研究人员进行了简单主效应的分析。为控制第一类错误，使用了 Bonferroni，α 设在 .025（.05/2）。统计结果发现，学习没有线索的静态图像的参与者明显比学习有线索的静态图像的参与者花费更多时间，$F(1, 108) = 10.41, MSE = 2.52, p = .002$，效应量在中到大的范围内（$f = .31$）。然而，参与者学习有线索和无线索动画的时间没有显著差异，$F(1, 108) = .01, p = .91, f = .01$。关于学习时间没有其他显著结果。

学习效率

Paas、van Merrienboer（1993）和 van Gog and Paas（2008）提出，原始分数（成绩和时间）应该转化为 z 分数来计算效率。为了考虑参与者的已有知识，计算了增益分数（后测－前测），并标准化。因此，学习效率分数通过公式：$E = (Z_{performance} - Z_{learningtime}) / \sqrt{2}$ 来计算。

研究人员通过一次两因素协方差分析（ANCOVA）来分析四种实验条件下参与者的学习效率是否有显著差异。结果发现，呈现形式动画条件（$M = .15, SD = .74$）和静态图像条件（$M = .03, SD = 1.04$）的主效应并不显著，$F(1, 108) = 1.20, MSE = .74, p = .28, f = .11$；然而，视觉线索条件（$M = .33, SD = .78$）和无视觉线索条件（$M = -.21, SD = .95$）间存在显著的视觉线索的主效应，$F(1, 108) = 11.24, p = .001, f = .32$。不存在显著交互作用。

内在动机

研究人员通过一次两因素多元方差分析（MANOVA）来探索呈现形式和视觉线

索对于内在动机六个分量——兴趣、能力、价值观、努力、压力和选择的影响，计算每个分量的平均数并将其作为因变量。结果显示，呈现形式主要影响和视觉线索主要影响下的六个分量均没有显著差异，$Wilks' \lambda = .92, F(6,103) = 1.51, p = .18, f = .30$，$Wilks' \lambda = .90, F(6,103) = 1.85, p = .10, f = .33$，均无显著交互作用，$Wilks' \lambda = .93, F(6,103) = 1.30, p = .26, f = .28$。

讨 论 与 结 论

探究动画相对于静态图像在多媒体学习环境中的优越性是本研究的目的之一。之前没有学者就这一问题在岩石循环知识学习方面进行过探究，本文在这方面的探究对于当下学界作出了巨大贡献。研究人员假设教学动画可以提高学生对于岩石循环概念和过程性知识的识记。这项假设部分成立——动画促进了学习者对于概念的学习。为了学习岩石循环的概念，学习者需要建构岩石循环的内部表征形式。从结果来看，研究人员推断这些动画促进了知识的建构。一个可能的解释是动画呈现的画面随着时间的变化与岩石循环概念的变化特性是一致的。例如，学习者可能通过观看动画的演示而得知岩浆是地表下熔化的岩石，而熔岩是从地表下涌出地面的熔化的岩石。根据 Tversky et al. (2002)，这种一致性是教学动画成功运用的一种情形。当前的研究发现与 Hoffler and Leutner(2007)的结论是一致的，他们揭示了动画对于陈述性知识学习有积极的中等大小的效应。因为研究人员通过控制交互的程度、呈现片段的数量以及配音旁白在四个实验情境下完全一致，所以可以推断出在此次研究中动画对于学习的作用不是由上述三个因素引起的。除此之外，值得指出的是，在本研究中，动画对于学习者的内在动机改变方面没有任何积极影响。因此研究人员也不能将动画的作用归结为动机，是动画本身促进了学习者在此领域内对于概念知识的掌握。

本研究还发现，平均而言，观看动画的学习者在过程识记性测试题目的得分要比观看静态图像的学习者高，但并不显著。因为从动画中获取信息很大程度上依赖于对动画的感知(Lowe, 2003)，所以很可能是这些动画在展示岩石循环过程方面不够明显，以至于学习者在有提示和没有提示的两种情形下都不太能感知到这些循环过程。这意味着研究人员需要在通过图像的学习中采用更多视觉线索手段。研究人员可以考虑在未来的研究中加入眼动仪来追踪学习者的视线在动画上的移动，以便得知哪些图像元素应当得到视觉线索。另外，研究人员没有发现动画对于认知负荷的三个项目

（即内在认知负荷、关联认知负荷和外在认知负荷）中的任何一项有影响。这可能是由于研究人员在教学中没有测量学习者的主观认知负荷。因此，研究人员无法区分概念知识识记与过程知识识记在认知负荷方面的差异。在未来的研究中，研究人员可以考虑改变认知负荷的测量，在该领域的概念学习和过程学习中具体设定作业需求、需要的努力以及导航要求，在学习阶段多次执行测量。这样做可以突破目前研究的局限。另外，研究人员承认在测量认知负荷过程中可能存在测量误差，因为现有的主观评价量表使得研究人员很难区别认知负荷的每一个分量。

本研究同时也探究了视觉线索的作用效果。在过去的十年间，文献（de Koning et al.，2007，2010b；Jamet et al.，2008；Jeung et al.，1997；Kalyuga et al.，1999；Mayer & Moreno，2003；Wouters et al.，2008）中的研究结果证明视觉线索对于教学有利。虽然本研究没有发现视觉线索在学习成效方面的明显作用，但却发现在没有进行时间限定的学习环境中，视觉线索有助于减少学习时间和增进学习效率，尤其是当学习者学习带有视觉线索的图像时，会比学习没有视觉线索的学习材料的同伴花费更少的时间也更有效率。此外，在"有线索-静态"研究条件中的学习者会比"无线索-静态"研究条件中的同伴花费更少的时间。因此，从学习所花费时间和学习效率来看，本研究的结果部分支持了之前的假设即视觉线索有助于学习。视觉线索可能会减少学习者在图像上的搜索活动，使得学习者在没有学习时间限定的学习活动中减少学习时间并增加学习效率。因此，由于视觉线索的效果，学习者使用不同的时间达到了同样的知识水平。然而，研究人员没有发现视觉线索在认知负荷方面的作用。这也与之前的一些研究（de Koning et al.，2007，2010a，2010b）是一致的。学习者对于三个认知负荷测量指数的评分都很低，他们的学习成效相对较高，这给出了一种可能的解释。可能对于学习者而言，如果给他们一定的时间，那么这些教学内容并不困难。因此学习者对于认知负荷的三个测量指标方面的自主评分较低。在今后的研究中，在确定学习者对于学习难度的感知方面还应采用更多测量指标和技术手段。比如研究人员可以考虑增加一些主观问题，询问学习者对于教学难度和困惑程度的感受等级。研究人员也可以考虑在未来使用一些生理测量方法。具体而言，研究人员可以使用生理探测器测量学习者对于鼠标的压力和在椅子上的活动，从而反映出他们的困惑状态和其他情绪状态。研究人员也可以使用脑电图法来评定学习者在认知负荷方面的变化（Antonenko，Paas，Grabner & Van Gog，in press）。

某些实证研究（例如 Atkinson et al.，2009；Boucheix & Lowe，2010；de Koning et al.，2007,2010a,2010b；Mautone & Mayer，2001）只是探究了视觉线索对于包含动画的学习的效果。本研究的结果表明在包含静态图像的情况下,学习者的学习所花费的时间也会受到视觉线索的影响,此发现对于学界也有很大贡献。没有视觉线索的静态图像阻碍了学习者的学习,因此他们会花费更多的时间来弥补这种不利。研究人员给出的解释是：有线索的静态图像减少了学习者的视觉搜索活动,从而减少了他们学习所花的时间。这表明给静态图像（比动画更加简单的展示形式）加入视觉线索对于教学很有帮助。然而,当静态的教学图像变成动态的动画时,视觉线索的效果就消失了。这表明图像的类型是一个潜在的调节变量,会在多媒体学习中影响视觉线索的效果。因此,研究人员建议研究者在未来的视觉线索效果研究中将图像的类型考虑在内。

参考文献

Antonenko, P., Paas, F., Grabner, R., & Van Gog, T. (in press). Using electroencephalography to measure cognitive load. *Educational Psychology Review*.

Atkinson, R. K., Lin, L. & Harrison, C. (2009). Comparing the efficacy of different signaling techniques. *Proceedings of World Conference on Educational Multimedia, Hypermedia and Telecommunications 2009* (pp. 954 – 962). Chesapeake, VA: AACE.

Arguel, A., & Jamet, E. (2009). Using video and static pictures to improve learning of procedural contents. *Computers in Human Behavior*, 25(2),354 – 359.

Ayres, P., Marcus, N., Chan, C., & Qian, N. (2009). Learning hand manipulative tasks: When instructional animations are superior to equivalent static representations. *Computers in Human Behavior*, 25(2),348 – 353.

Ayres, P., & Paas, F. (2007). Making instructional animations more effective: A cognitive load approach. *Applied Cognitive Psychology. A Cognitive Load Approach to the Learning Effectiveness of Instructional Animation*, 21(6),695 – 700.

Betrancourt, M., & Tversky, B. (2000). Effect of computer animation on users' performance: A review. *Le Travail Humain*, 63(4),311 – 329.

Boucheix, J., & Lowe, R. K. (2010). An eye tracking comparison of external pointing cues and internal continuous cues in learning with complex animations. *Learning and Instruction*, 20(2),123 – 135.

Boekaerts, M. (2007). What have we learned about the link between motivation and learning/performance? *Zeitschrift für Pädagogische Psychologie*, 21,263 – 269.

Catrambone, R., & Seay, A. F. (2002). Using animation to help students learn computer algorithms. *Human Factors*, 44(3),495 – 511.

ChanLin, L. (1998). Animation to teach students of different knowledge levels. *Journal of Instructional Psychology*, 25(3),166 – 175.

ChanLin, L. (2001). Formats and prior knowledge on learning in a computer-based lesson. *Journal of Computer Assisted Learning*, 17(4),409 - 419.

Cohen, J. (1988). *Statistical power analysis for the behavioral sciences* (2nd ed.). Hillsdale, N. J. : L. Erlbaum Associates.

de Koning, B. B. , Tabbers, H. K. , Rikers, R. M. J. P. , & Paas, F. (2007). Attention cueing as a means to enhance learning from an animation. *Applied Cognitive Psychology*, 21 (6),731 - 746.

de Koning, B. B. , Tabbers, H. K. , Rikers, R. M. J. P. , & Paas, F. (2009). Towards a framework for attention cueing in instructional animations: Guidelines for research and design. *Educational Psychology Review*, 21(2),113 - 140.

de Koning, B. B. , Tabbers, H. K. , Rikers, R. M. J. P. , & Paas, F. (2010a). Attention guidance in learning from a complex animation: Seeing is understanding? *Learning and Instruction*, 20(2),111 - 122.

de Koning, B. B. , Tabbers, H. K. , Rikers, R. M. J. P. , & Paas, F. (2010b). Learning by generating vs. receiving instructional explanations: Two approaches to enhance attention cueing in animations. *Computers & Education*, 55(2),681 - 691.

D'Mello, S. , Picard, R. , & Graesser, A. (2007). Toward an affect-sensitive autotutor. *IEEE Intelligent Systems*. 22(4),53 - 61.

Gerjets, P. , Scheiter, K. , & Catrambone, R. (2004). Designing instructional examples to reduce intrinsic cognitive load: Molar versus modular presentation of solution procedures. *Instructional Science*, 32(1 - 2),33 - 58.

Gerjets, P. , Scheiter, K. , Opfermann, M. , Hesse, F. W. , & Eysink, T. H. S. (2009). Learning with hypermedia: The influence of representational formats and different levels of learner control on performance and learning behavior. *Computers in Human Behavior*, 25 (2),360 - 370.

Gopher, D. , & Braune, R. (1984). On the psychophysics of workload: Why bother with subjective measures? *Human Factors*, 26,519 - 532.

Hart, S. G. , & Staveland, L. E. (1988). Development of NASA-TLX (task load index): Results of experimental and theoretical research. In P. A. Hancock & N. Meshkati (Eds.), *Human mental workload* (pp. 139 - 183). Amsterdam: North-Holland.

Hegarty, M. (1992). Mental animation: Inferring motion from static displays of mechanical systems. *Journal of Experimental Psychology: Learning, Memory, and Cognition*, 18 (5),1084 - 1102.

Hegarty, M. (2004). Dynamic visualizations and learning: Getting to the difficult questions. *Learning and Instruction*, 14(3),343 - 351.

Hegarty, M. , & Just, M. A. (1993). Constructing mental models of machines from text and diagrams. *Journal of Memory and Language*, 32(6),717 - 742.

Hoffler, T. N. , & Leutner, D. (2007). Instructional animation versus static pictures: A meta-analysis. *Learning and Instruction*, 17(6),722 - 738.

Husman, J. & Hilpert, J. (2007). The intersection of students' perceptions of instrumentality, self-efficacy, and goal orientations in an online mathematics course. *Zeitschrift für Pädagogische Psychologie*, 21,229 - 239.

Jamet, E., Gavota, M., & Quaireau, C. (2008). Attention guiding in multimedia learning. *Learning and Instruction*, 18(2),135 - 145.

Jeung, H., Chandler, P., & Sweller, J. (1997). The role of visual indicators in dual sensory mode instruction. *Educational Psychology*, 17(3),329 - 343.

Kalyuga, S. (2007). Expertise reversal effect and its implications for learner-tailored instruction. *Educational Psychology Review*, 19(4),509 - 539.

Kalyuga, S. (2008). Relative effectiveness of animated and static diagrams: An effect of learner prior knowledge. *Computers in Human Behavior*, 24(3),852 - 861.

Kalyuga, S., Ayres, P., Chandler, P., & Sweller, J. (2003). The expertise reversal effect. *Educational Psychologist*, 38(1),23 - 31.

Kalyuga, S., Chandler, P., & Sweller, J. (1999). Managing split-attention and redundancy in multimedia instruction. *Applied Cognitive Psychology*, 13(4),351 - 371.

Kim, S., Yoon, M., Whang, S. M, Tversky, B., & Morrison, J. B. (2007). The effect of animation on comprehension and interest. *Journal of Computer Assisted Learning*, 23(3), 260 - 270.

Kriz, S., & Hegarty, M. (2007). Top-down and bottom-up influences on learning from animations. *International Journal of Human-Computer Studies*, 65(11),911 - 930.

Large, A., Beheshti, J., Breuleux, A., & Renaud, A. (1996). Effect of animation in enhancing descriptive and procedural texts in a multimedia learning environment. *Journal of the American Society for Information Science*, 47(6),437 - 448.

Lowe, R. K. (2003). Animation and learning: Selective processing of information in dynamic graphics. *Learning and Instruction*, 13(2),157 - 176.

Mautone, P. D., & Mayer, R. E. (2001). Signaling as a cognitive guide in multimedia learning. *Journal of Educational Psychology*, 93(2),377 - 389.

Mayer, R. E. (2005). Cognitive theory of multimedia learning. In R. E. Mayer (Ed.), *The Cambridge handbook of multimedia learning*. (pp. 31 - 48). New York, NY, US: Cambridge University Press.

Mayer, R. E., & Chandler, P. (2001). When learning is just a click away: Does simple user interaction foster deeper understanding of multimedia messages? *Journal of Educational Psychology*, 93(2),390 - 397.

Mayer, R. E., Hegarty, M., Mayer, S., & Campbell, J. (2005). When static media promote active learning: Annotated illustrations versus narrated animations in multimedia instruction. *Journal of Experimental Psychology: Applied*, 11(4),256 - 265.

Mayer, R. E., & Moreno, R. (2003). Nine ways to reduce cognitive load in multimedia learning. *Educational Psychologist*, 38(1),43 - 52.

Michas, I. C., & Berry, D. C. (2000). Learning a procedural task: Effectiveness of multimedia presentations. *Applied Cognitive Psychology*, 14(6),555 - 575.

Moreno, R. (2010). Cognitive load theory: More food for thought. *Instructional Science*, 38

(2),135 - 141.

Moreno, R. , &. Mayer, R. (2007). Interactive multimodal learning environments. *Educational Psychology Review*, *19*(3),309 - 326.

Moreno, R. , Mayer, R. E. , Spires, H. A. , &. Lester, J. C. (2001). The case for social agency in computer-based teaching: Do students learn more deeply when they interact with animated pedagogical agents? *Cognition and Instruction*, *19*(2),177 - 213.

Münzer, S. , Seufert, T. , &. Brünken, R. (2009). Learning from multimedia presentations: Facilitation function of animations and spatial abilities. *Learning and Individual Differences*, *19*(4),481 - 485.

Paas, F. , Renkl, A. , &. Sweller, J. (2003). Cognitive load theory and instructional design: Recent developments. *Educational Psychologist*, *38*(1),1 - 4.

Paas, F. , Tuovinen, J. E. , Tabbers, H. , &. Van Gerven, P. W. M. (2003). Cognitive load measurement as a means to advance cognitive load theory. *Educational Psychologist*, *38*(1), 63 - 71.

Paas, F, &. van Merrienboer, J. J. G. (1993). The efficiency of instructional conditions: An approach to combine mental effort and performance measures. *Human Factors*, *35*(4), 737 - 743.

Park, O. -C. &. Gittelman, S. S. (1992). Selective use of animation and feedback in computer-based instruction. *Educational Technology*, *Research*, *and Development*, *40*,27 - 38.

Rieber, L. P. (1990). Using computer animated graphics with science instruction with children. *Journal of Educational Psychology*, *82*(1),135 - 140.

Rosen, Y. (2009). The effects of an animation-based on-line learning environment on transfer of knowledge and on motivation for science and technology learning. *Journal of Educational Computing Research*, *40*(4),451 - 467.

Ryan, R. M. (1982). Control and information in the intrapersonal sphere: An extension of cognitive evaluation theory. *Journal of Personality and Social Psychology*, *43*,450 - 461.

Scheiter, K. , Gerjets, P. , &. Catrambone, R. (2006). Making the abstract concrete: Visualizing mathematical solution procedures. *Computers in Human Behavior*, *22*(1),9 - 25.

Schnotz, W. , &. Kurschner, C. (2007). A reconsideration of cognitive load theory. *Educational Psychology Review*, *19*(4),469 - 508.

Sweller, J. , van Merrienboer, J. J. G. , &. Paas, F. (1998). Cognitive architecture and instructional design. *Educational Psychology Review*, *10*(3),251 - 296.

Thompson, S. V. &. Riding, R. J. (1990). The effect of animated diagrams on the understanding of a mathematical demonstration in 11 - to 14 - year-old pupils. *British Journal of Educational Psychology*, *60*,93 - 98.

Tversky, B. , Morrison, J. B. , &. Betrancourt, M. (2002). Animation: Can it facilitate? *International Journal of Human-Computer Studies*, *57*(4),247 - 262.

van Gog, T. , &. Paas, F. (2008). Instructional efficiency: Revisiting the original construct in educational research. *Educational Psychologist*, *43*(1),16 - 26.

Wong, A. , Marcus, N. , Ayres, P. , Smith, L. , Cooper, G. A. , Paas, F. , et al. (2009).

Instructional animations can be superior to statics when learning human motor skills. *Computers in Human Behavior*, *25*(2),339 - 347.

Wouters, P., Paas, F. G. W. C., & van Merrienboer, J. J. G. (2008). How to optimize learning from animated models: A review of guidelines based on cognitive load. *Review of Educational Research*, *78*(3),645 - 675.

Yang, E., Andre, T., & Greenbowe, T. J. (2003). Spatial ability and the impact of visualization/animation on learning electrochemistry. *International Journal of Science Education*, *25*(3),329.

第十章 研究案例二：自我解释与视觉线索

引 言

认知负荷理论以及多媒体学习认知理论都强调了学习的认知加工（Mayer，2005；Paas，Renkl & Sweller，2003；Schnotz & Kurschner，2007；Sweller，van Merrienboer & Paas，1998）。在多媒体学习环境中，三类认知加工可能会发生，它们分别对工作记忆产生了三类负荷。学习者因为学习材料内在的自然属性而耗费一定的认知资源，这是内在负荷；学习者可能耗费一定的与学习无关却妨碍学习的认知资源，是外在负荷；学习者用来建构图式所耗费的认知资源是关联负荷。

当代研究人员尝试着将动机包含进已有的认知模型中，他们将动机视为影响学习和认知投入的一个中介变量，因此将多媒体学习认知理论拓展为媒体学习的认知情感理论（Brunken，Plass & Moreno，2010；Moreno，2009；Moreno & Mayer，2007）。Mayer（2009，2014）更进一步指出，教学设计中的动机特征能够造成关联加工和关联负荷，会帮助学习者弄清楚学习材料的核心意义。但是，Leutner（2014）却建议，多媒体学习中动机应该起到调节作用。在这些理论研究的基础上，本研究旨在探索视觉线索和自我解释提示对在校大学生学习效果、认知负荷以及内部动机的效应。

作为动画辅助手段的视觉线索

视觉线索是将学习者注意力引导到图像上重要信息的非内容工具。实证研究已经显示，视觉线索能有效引导学习者的注意（de Koning，Tabbers，Rikers & Paas，2009，2010a；Ozcelik，Arslan-Ari & Cagiltay，2010；Ozcelik，Karakus，Kursun &

Cagiltay，2009）；还有研究表明，视觉线索能够减少视觉搜索活动，从而促进学习（Amadieu，Mariné & Laimay，2011；Boucheix & Guignard，2005；de Koning，Tabbers，Rikers & Paas，2007，2010c；Jamet，Gavota & Quaireau，2008；Jeung，Chandler & Sweller，1997；Kalyuga，Chandler & Sweller，1999；Lin & Atkinson，2011；Mayer & Moreno，2003；Wouters，Paas & van Merrienboer，2009）。例如，de Koning 等研究人员旨在探索具有视觉线索的动态的心脏血液循环图像的有效性。他们的研究结果表明，通过有视觉线索动画学习的人比通过没有视觉线索动画学习的人在理解测试和迁移测试上的分数都要高。Lin 等研究人员使用箭头作为视觉线索，他们的研究也得出了类似的结果，即使用视觉线索比未使用视觉线索的学习效率更高。但是，另外两个研究的结果却显示当有视觉线索的动画和有声音线索的教学录音相结合的时候就无效（Mautone & Mayer，2001），或者只会有效几秒钟，然后就无效了（Lowe & Boucheix，2011）。这些实证研究使得视觉线索到底是否有效仍然是个问题。至于动机，研究人员很少在动机的框架下来研究视觉线索的有效性。Plass 等研究人员发现，和灰色的图像相比，暖色的图像更能促进阅读理解，但是并不能促进认知负荷和动机。但是，这一研究的缺陷在于，视觉线索的效应无法和其他因素的潜在效应分离。

自我解释提示来支持学习

成功地将学习者的注意力引导到重要的教学信息中并不能保证学习的质量，因为视觉线索可能仅仅是在多媒体学习环境中促进了学习者的注意力而并没有促进学习者的学习投入度（de Koning et al.，2009）。提示学习者进行自我解释是一种促进学习者进行深度学习和关联认知负荷的潜在教学手段（Roy & Chi，2005）。自我解释，作为一种认知策略，要求学习者将学过的内容解释给自己，以便学习者建立图式。自我解释并不具有自发性，因此，引发学习者进行自我解释通常需要进行提示。已有文献已经可以显示在多媒体学习环境中实施自我解释提示的有效性的依据（Atkinson，Renkl & Merrill，2003；Berthold，Eysink & Renkl，2009；Berthold & Renkl，2009；Mayer，Dow & Mayer，2003）。从动机的角度，Mayer（2009）也指出，在多媒体学习中，动机可能会造成关联认知加工。但是由于缺乏实证依据，动机的作用还是比较模糊。

当自我解释提示被应用于计算机学习环境中时，何时来实施提示这个问题就出现了。目前文献中有两种自我解释提示：预测提示和反省提示。预测提示是在相关的教学内容呈现之前呈现提示问题，这样做的目的是为了使用这些提示去激活学习者的已有知识。目前有几项实证研究是涉及预测提示的（Hegarty，Kriz & Cate，2003；Mayer，Dow & Mayer，2003；Moreno，2009），这些研究结果显示，和无提示相比，预测提示对学习是有益处的。例如，Hegarty 等研究人员让学习者在观看有关一个机械系统的动态或者静态图像之前，用了五个预测问题来提示学习者。在两个实验中，他们都发现，这样的预测提示对学习者理解机械系统具有积极的显著作用。反省提示在相关的教学内容呈现之后再呈现提示问题。这样做的目的是为了让学习者通过反省引导的自我解释来关注自身的思维，对所学的内容有深入的理解和反思（Lin & Lehman，1999；Moreno & Mayer，2010；Rosenshine，Meister & Chapman，1996）。Moreno 等研究人员进行了一项研究，旨在探索在嵌入学习代理人的多媒体游戏中反省提示的认知功能。他们发现，在无交互的学习环境中，反省提示对于记忆保持和学习迁移有积极作用，但是在交互学习环境中，该效应就不存在。值得注意的是，过往研究仅仅将不同类型的自我解释提示和无提示相比较，来揭示其学习和认知上的作用，还没有实证研究涉及何时实施自我解释提示这个问题。

本研究概述

本研究的目的在于研究多媒体学习环境中的两种教学手段对学习人体心脏血液循环知识的潜在效应，一种为视觉线索，另一种为不同类型的自我解释提示（预测提示和反省提示）。具体来说，本研究旨在回答以下的研究问题：

a) 视觉线索是否会对认知负荷和学习有积极的促进作用？

b) 不同类型的自我解释提示是否会对学习和认知负荷有效应？

c) 多媒体学习环境中学习、认知负荷以及内在动机是什么关系？

当控制学习者的已有知识和学习时间时，认知负荷和内在动机是否会显著影响学习？

视觉线索是否会调节学习、认知负荷以及内在动机之间的关系？

研究人员在实验中操控了两个自变量：视觉线索（有视觉线索 vs. 无视觉线索）和自我解释提示（无提示 vs. 预测提示 vs. 反省提示）。本研究包含了一系列的因变量，诸如学习效果、认知负荷、内在动机以及学习时间。

方　　法

研究参与者与实验设计

本研究从一所公立大学中招募到了 126 名志愿者（其中 53 人为男性）。他们都是计算机文化基础课程或者是心理学导论课程的学生。他们的平均年龄为 21.69 岁。

本研究采用前后测、2（有视觉线索 vs. 无视觉线索）×3（无提示 vs. 预测提示 vs. 反省提示）的组间设计。研究参与者被等值随机分配到六个实验条件中，每个实验条件 21 人。

测量工具

本研究一共使用了 20 道选择题作为前测，来测量研究参与者对于人的心脏血液循环这个内容的已有知识的水平。每道题答对得 1 分，答错得 0 分，因此前测的最大分值为 20 分。后测同样采用了 20 道选择题，来测量研究参与者接受教学以后的学习情况。后测和前测的形式一样，评分方法也一样，但是题目和前测不一样。以下是两个前测试题的样题和两个后测试题的样题。前测题 1："心脏肌肉和手臂肌肉大腿肌肉有什么区别？"前测样题 2："右心室将血液输送到（　　　）。"后测样题 1："为什么血液会向肺部渗透？"后测样题 2："当血液从心脏向身体流动的时候，它会从心脏的哪个部分离开？"

研究人员从 NASA - TLX 中选取了五道主观题来测量认知负荷，这五道题分别是任务需求、努力、导航需求、成功和压力。这些试题是通过 8 点利克特量表来实施的，并且它们已在其他研究人员之前的研究中被成功使用过（Gerjets, Scheiter & Catrambone, 2004, 2006）。

研究人员同样使用了 8 点利克特量表来测量内在动机。内在动机一共 6 道题，是从 Deci 等人的内在动机量表中选取的（Deci, Eghrari, Patrick & Leone, 1994; Ryan, 1982）。

交互多媒体学习环境

基于计算机的教学材料包含了一个有关人体心脏血液循环的教学单元，该单元包含了如下内容：心脏的结构和功能、血液和血管的结构和功能、血管的循环回路以及人体内的物质代谢。交互学习环境是通过 VB 编程来实现的，其中的二维动画是通过 Adobe Flash 制作之后嵌入到学习环境中的。研究参与者可以通过一系列的动画以及相应的教学录音来学习，并且能够在基于计算机的学习环境中前进和后退。在无视觉线索动画/无提示实验条件中，学习环境向研究参与者呈现 24 段动画和同步的教学录音，教学录音的声音为女声。在有视觉线索动画/无提示实验条件中，除了 24 段动画都包含视觉线索以外，其他和无视觉线索动画/无提示实验条件完全一样。在无视觉线索动画/预测提示实验条件中，在整个教学单元中插入了四个问题，这四个问题是从之前研究中的一系列提示问题中选择出来的（Chi，Siler，Jeong，Yamauchi & Hausmann，2001），它们分别是"您能用自己的话解释血液的功能吗？"、"您能解释血管是如何工作的吗？"、"您能用自己的话解释肺循环和体循环吗？"以及"您能用自己的话解释物质交换的过程吗？"。每一个预测问题呈现的时候都单独占一屏，不与任何动画一起呈现。具体来说，这四个预测问题出现在第四段和第五段动画、第七段和第八段动画、第十三段和第十四段动画，以及第十九段和第二十段动画之间，这样使得研究参与者会先遇到相应的预测问题，然后观看到相应的动画，听到相应的教学录音。在无视觉线索动画/反省提示实验条件中使用了同样的四个问题，只不过，它们出现的时间和无视觉线索动画/预测提示实验条件不同。具体来说，在无视觉线索动画/反省实验条件中，研究参与者先看到动画以及相应的教学录音，然后学习环境呈现与之匹配的反省提示。因此，它们出现在第七段和第八段动画、第十三段和第十四段动画、第十九段和第二十段动画之间，以及第二十四段动画之后。有视觉线索动画/预测提示实验条件除了动画是有视觉线索以外，其他都和无视觉线索动画/预测提示实验条件一样。类似的，有视觉线索动画/反省提示实验条件除了动画是有视觉线索以外，其他都和无视觉线索动画/反省提示实验条件一样。

研究流程

实验一开始，所有研究参与者都需要签署研究知情书。每名研究参与者都被要求坐在实验室中的一台电脑前，由研究人员来向他们简单介绍研究的流程。之后，研究参与者就独自与计算机交互，没有时间限制。他们会先完成前测，然后使用研究人员随机分配给他们的一个研究 ID 登录，进入不同的实验条件，完成实验任务（学习任务）。在这之后，他们会完成后测和态度测验（包含认知负荷测试和内在动机测试）。完成整个实验大约需要 35 分钟左右。

研 究 结 果

已有知识

单因素组间方差分析被用来评估不同实验条件的研究参与者的已有知识水平是否存在显著差异。统计结果显示无显著差异，$F(5,120) = 1.39, MSE = 9.11, p = .23, f = .24$。

学习时间

两因素组间方差分析被用来评估提示和视觉线索对学习时间的效应。统计结果显示，两个主效应以及交互作用都无显著效应，所有 F 值都小于 1。

学习效果

两因素组间协方差分析被用来评估提示和视觉线索对后测成绩的效应，协变量为前测成绩和学习时间。统计结果显示，视觉线索主效应显著，$F(1,118) = 12.60$，$MSE = .02, p = .001$；效应量 $f = .33$（中到大效应），$power = .96$。具体来看，在控制学习时间和已有知识的情况下，通过视觉线索学习的研究参与者的后测成绩比通过无视觉线索学习的研究参与者显著高。但是，提示主效应和交互作用都不显著。

认知负荷

两因素多元协方差分析被用来评估视觉线索和提示对五道认知负荷测试的效应，协变量是学习时间和已有知识。结果显示视觉线索主效应和提示主效应都不显著，两者之间的交互作用也不显著。

内在动机

两因素多元协方差分析被用来评估视觉线索和提示对内在动机的效应，协变量是学习时间和已有知识。结果显示视觉线索主效应和提示主效应都不显著，两者之间交互作用也不显著。

学习、认知负荷和内在动机的关系

基于一系列显变量（前后测、认知负荷、内部动机），一个混合结构方程模型被用来评估在交互多媒体学习环境中学习、认知负荷和内在动机这三个潜变量之间的关系（见图1）。控制学习时间和已有知识这两个变量被作为控制变量包含在模型中。研究人员采用了 Hu 和 Bentler 的标准来评估模型的拟合度。

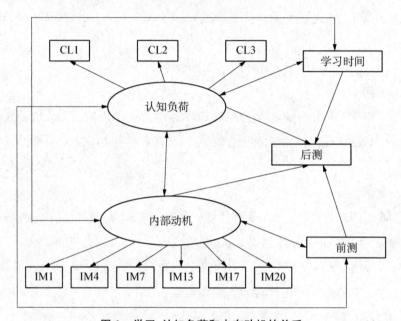

图 1 学习、认知负荷和内在动机的关系

首先，对于两个测量模型——认知负荷和内在动机——进行验证性因素分析。认知负荷测量模型由五个显变量组成，该模型拟合度可以很好，$\chi^2(5) = 11.94, p = .04$，$CFI = .95, RMSEA = .06$。内在动机的测量模型包含六个显变量，其拟合度也很好，$\chi^2(9) = 14.67, p = .11, CFI = .99, RMSEA = .06$。最后，将这两个测量模型包含到混合结构方程模型中，来验证整个模型的拟合度。该模型的拟合度也很好，$\chi^2(108) = 140.66, p = .02, CFI = .97, RMSEA = .05$。

由于在视觉线索实验条件中的学习者和在无视觉线索实验条件中的学习者有质的区别，混合结构方程模型分别放到这两群人中去验证，这样不仅可以得到认知负荷和内在动机是否能预测学习，而且能够检验视觉线索是否能够调节三者之间的关系。模型在无视觉线索这群人中的时候，在控制学习时间和已有知识的情况下，结果显示认知负荷能够显著预测后测成绩，$z = -2.77, p = .04$，但是内在动机无显著影响，z

$=-.54,p=.59$。认知负荷和内在动机的相关系数很小，$r=-.20,p=.13$。模型在有视觉线索这群人中的时候，在控制学习时间和已有知识的情况下，结果显示内在动机能够显著预测后测成绩，$z=-2.77,p=.04$，但是认知负荷无显著影响，$z=-1.65$，$p=.10$。认知负荷和内在动机的相关系数依然很小，$r=-.08,p=.56$。总的来说，在多媒体学习环境中，当控制学习时间和已有知识的情况下，由于视觉线索的条件作用，认知负荷和内在动机对学习有不同的效应。

讨 论 和 结 论

本研究的目的是为了探索在交互多媒体学习环境中，视觉线索和不同类型的自我解释提示对学习、认知负荷和内在动机的效应。研究结果揭示了两大发现：(1)通过视觉线索动画学习的研究参与者学习要比通过无视觉线索动画学习的同伴显著好；(2)当控制学习时间和已有知识时，由于视觉线索的调节作用，认知负荷和内在动机对交互多媒体学习环境中的学习有不同的影响。以下是对这些结果的讨论。

线索是否会对认知负荷和学习有积极的促进作用？ 本研究的结果解释了使用箭头作为视觉线索工具能够促进对人心脏血液循环知识的学习。这一积极的视觉线索效应和目前文献中的一些实证研究结果是一致的，都倡导在交互多媒体学习环境中使用视觉线索(de Koning et al. , 2007,2010c; Kalyuga, Chandler & Sweller, 1999)。尽管本研究和 de Koning 等研究人员完成的两项研究都说明了使用视觉线索对学习人的心脏血液循环的好处，本研究的结果也有了进一步的拓展，即不仅是探照灯型视觉线索有效果，箭头作为视觉线索也同样有效。但是值得注意的是，Boucheix 和 Lowe (2010)的研究结果发现，箭头作为视觉线索不如颜色线索对学习的促进效果好，因为箭头是独立于动画的，而颜色嵌入于动画之中。考虑到在他们那项研究中，研究人员采用了多个箭头作为视觉线索，一个可能的结果就是由于视觉线索太多了，学习者不知道关注哪些重要的信息；而本研究中只使用了一个箭头作为视觉线索来引导学习者的注意力。因此，基于之前的研究的结论"箭头线索效果不好"是不让人信服的。本研究揭示了一个中到大的视觉线索效应，独特的研究贡献就在于验证了箭头线索也是有效的。对于教学设计的启示就是，只要教学设计人员在重要的图像信息上应用数量适当的视觉线索，箭头的视觉线索就能够促进学习。

本研究虽然发现视觉线索对学习有促进作用，但并未发现它对认知负荷有影响。

一个可能的原因是，在学习者学习了一定数量的有视觉线索的动画以后，视觉线索的引导注意力和降低视觉搜索的效应就会消失了。如果这个假设成立，那么就可以解释为何本研究在认知负荷上没有差异。当然，本研究的一个局限性就在于，研究人员无法在教学过程中，特别是教学的开始阶段，来查看学习者视觉搜索和认知负荷的情况。未来在这方面还需要更多的研究来把该问题搞清楚。

不同类型的自我解释提示是否会对学习和认知负荷有效应？ 无论自我解释提示是预测提示的形式还是反省提示的形式，本研究都未发现自我解释提示有任何的益处。一些有关自我解释提示的实证研究也得出了类似的结果（de Koning, et al., 2010c; Groe & Renkl, 2006; Moreno & Mayer, 2005），个别研究甚至发现自我解释提示妨碍学习（Gerjets, et al., 2006）。一个可能的原因就是，自我解释的过程耗费了大量的认知资源，这可能使得在学习者对学习有很大控制权的交互学习环境中，他们无论是通过视觉线索动画学习还是通过无视觉线索动画学习，都会选择不进行自我解释，从而导致数据中反映不出自我解释效应。但是，de Koning 等研究人员的一项研究显示，视觉线索动画可以有利于产生自我解释（de Koning et al., 2010b），这与本研究结果形成了对比。未来的研究可以进一步比较在多媒体学习环境中通过人和计算机来实施自我解释提示是否有不同。

多媒体学习环境中学习、认知负荷以及内在动机是什么关系？ 尽管众多研究人员提出了各式各样的有关动机在多媒体学习中的理论模型，这些模型都缺乏实证依据来支持。所以，在交互多媒体学习环境中学习、认知负荷和内在动机的关系仍是个未知数。本研究通过控制已有知识和学习时间来研究这三者之间的关系。结果显示，视觉线索是一个调节变量：在无视觉线索的条件下，认知负荷负向预测学习，而在有视觉线索的条件下，内在动机正向预测学习。这样的结果可能是因为，在无视觉线索的情况下，外在认知负荷水平增加了，因此增加了总的负荷并因此妨碍了学习；而当视觉线索存在的情况下，外在认知负荷就降低了，从而造成学习者自发进行学习。这样解释的一个局限在于，研究人员目前仅仅只有 5 道自我报告的认知负荷测试题，因此无法知道某一类认知负荷的变化。随着认知负荷研究的深入，将来定会有更多的测量认知负荷的工具出现，以便来帮助未来对于认知负荷、学习和内在动机的研究。

视觉线索调节效应的结果也从另一个角度说明了，尽管视觉线索对认知负荷和内在动机的直接影响不明显（无统计显著），但其可以间接地影响学习、认知负荷和内在动机。另外值得注意的是，在本研究中，认知负荷和内在动机并不相关，这说明认知负荷与内在动机对学习的影响是独立的。与此相关的两个论断是：（1）动机和认知负荷有重合（Rey & Buchwald, 2011；Schnotz, Fries & Horz, 2009）；（2）动机在学习中起到中介效应（Moreno, 2009；Moreno & Mayer, 2007）。针对这两个论断，本研究的结果是，认知负荷和动机的确重合，但是相关性不大，因此不可能有进一步的中介作用（Baron & Kenny, 1986）。

　　本研究的结果充分显示了研究人员对于探索两种教学形式对学习、认知负荷和内在动机效应所做出的努力，同时也揭示出，在将动机添加到已有的多媒体学习认知理论中的时候，要考虑交互环境中的不同教学设计和操控。对于认知负荷和多媒体学习的实证研究，应该既考虑认知负荷又考虑动机，因为这两者在不同的教学条件下对学习的贡献不同。对于教学实践来说，从本研究出发的建议是，交互学习环境的设计和开发，既需要考虑学习者的认知过程，又要考虑他们的动机。

参考文献

Amadieu, F., Mariné, C., & Laimay, C. (2011). The attention-guiding effect and cognitive load in the comprehension of animations. *Computers in Human Behavior*, 27(1), 36-40.

Atkinson, R. K., Renkl, A., & Merrill, M. M. (2003). Transitioning from studying examples to solving problems: Effects of self-explanation prompts and fading worked-out steps. *Journal of Educational Psychology*, 95(4), 774-783.

Ayres, P., Marcus, N., Chan, C., & Qian, N. (2009). Learning hand manipulative tasks: When instructional animations are superior to equivalent static representations. *Computers in Human Behavior*, 25(2), 348-353.

Baron, R. M., & Kenny. D. (1986). The moderator-mediator variable distinction in social psychological research: Conceptual, strategic, and statistical considerations. *Journal of Personality and Social Psychology*, 51(6), 1173-1182.

Berthold, K., Eysink, T., & Renkl, A. (2009). Assisting self-explanation prompts are more effective than open prompts when learning with multiple representations. *Instructional Science*, 37(4), 345-363.

Berthold, K., & Renkl, A. (2009). Instructional aids to support a conceptual understanding of multiple representations. *Journal of Educational Psychology*, 101(1), 70-87.

Boucheix, J., & Guignard, H. (2005). What animated illustrations conditions can improve technical document comprehension in young students? Format, signaling and control of the presentation. *European Journal of Psychology of Education*, 20(4), 369-388.

Boucheix, J., & Lowe, R. K. (2010). An eye tracking comparison of external pointing cues and internal continuous cues in learning with complex animations. *Learning and Instruction*, 20(2), 123-135.

Boucheix, J., & Schneider, E. (2009). Static and animated presentations in learning dynamic mechanical systems. *Learning and Instruction*, *19*(2),112 – 127.

Brünken, R., Plass, J., & Moreno, R. (2010). Current issues and open questions in cognitive load research. In J. Plass, R. Moreno & R. Brünken (Eds.), *Cognitive load theory* (pp. 253 – 272). New York, NY, US: Cambridge University Press.

Chi, M. T. H., Siler, S. A., Jeong, H., Yamauchi, T., & Hausmann, R. G. (2001). Learning from human tutoring. *Cognitive Science*, *25*(4),471 – 533.

Cohen, J. (1988). *Statistical power analysis for the behavioral sciences* (2nd ed.). Hillsdale, N. J.: L. Erlbaum Associates.

de Koning, B. B., Tabbers, H. K., Rikers, R. M. J. P., & Paas, F. (2007). Attention cueing as a means to enhance learning from an animation. *Applied Cognitive Psychology*. *21*(6),731 – 746.

de Koning, B. B., Tabbers, H. K., Rikers, R. M. J. P., & Paas, F. (2009). Towards a framework for attention cueing in instructional animations: Guidelines for research and design. *Educational Psychology Review*, *21*(2),113 – 140.

de Koning, B. B., Tabbers, H. K., Rikers, R. M. J. P., & Paas, F. (2010a). Attention guidance in learning from a complex animation: Seeing is understanding? *Learning and Instruction*, *20*(2),111 – 122.

de Koning, B. B., Tabbers, H. K., Rikers, R. M. J. P., & Paas, F. (2010b). Improved effectiveness of cueing by self-explanations when learning from a complex animation. *Applied Cognitive Psychology*, *25*,183 – 194.

de Koning, B. B., Tabbers, H. K., Rikers, R. M. J. P., & Paas, F. (2010c). Learning by generating vs. receiving instructional explanations: Two approaches to enhance attention cueing in animations. *Computers & Education*, *55*(2),681 – 691.

Deci, E. L., Eghrari, H., Patrick, B. C., & Leone, D. (1994). Facilitating internalization: The self-determination theory perspective. *Journal of Personality*, *62*,119 – 142.

Gerjets, P., Scheiter, K., & Catrambone, R. (2004). Designing instructional examples to reduce intrinsic cognitive load: Molar versus modular presentation of solution procedures. *Instructional Science*, *32*(1 – 2),33 – 58.

Gerjets, P., Scheiter, K., & Catrambone, R. (2006). Can learning from molar and modular worked examples be enhanced by providing instructional explanations and prompting self-explanations? *Learning and Instruction*, *16*(2),104 – 121.

Groe, C. S., & Renkl, A. (2006). Effects of multiple solution methods in mathematics learning. *Learning and Instruction*, *16*(2),122 – 138.

Hart, S. G., & Staveland, L. E. (1988). Development of NASA-TLX (task load index): Results of experimental and theoretical research. In P. A. Hancock & N. Meshkati (Eds.), *Human mental workload* (pp. 139 – 183). Amsterdam: North-Holland.

Hegarty, M., Kriz, S., & Cate, C. (2003). The roles of mental animations and external animations in understanding mechanical systems. *Cognition and Instruction*, *21*(4), 325 – 360.

Hu, L. , & Bentler, M. B. (1999). Cutoff criteria for fit indexes in covariance structure analysis: Conventional criteria versus new alternatives. *Structural Equation Modeling*, 6 (1),1 – 55.

Jamet, E. , Gavota, M. , & Quaireau, C. (2008). Attention guiding in multimedia learning. *Learning and Instruction*, 18(2),135 – 145.

Jeung, H. , Chandler, P. , & Sweller, J. (1997). The role of visual indicators in dual sensory mode instruction. *Educational Psychology*, 17(3),329 – 343.

Kalyuga, S. , Chandler, P. , & Sweller, J. (1999). Managing split-attention and redundancy in multimedia instruction. *Applied Cognitive Psychology*, 13(4),351 – 371.

Kim, S. , Yoon, M. , Whang, S. M, Tversky, B. , & Morrison, J. B. (2007). The effect of animation on comprehension and interest. *Journal of Computer Assisted Learning*, 23(3), 260 – 270.

Kriz, S. , & Cate, C. (2003). The roles of mental animations and external animations in understanding mechanical systems. *Cognition and Instruction*, 21(4),325 – 360.

Kriz, S. , & Hegarty, M. (2007). Top-down and bottom-up influences on learning from animations. *International Journal of Human-Computer Studies*, 65(11),911 – 930.

Leutner, D. (2014). Motivation and emotion as mediators in multimedia learning. *Learning and Instruction*, 29,174 – 175.

Lowe, R. , & Boucheix, J. (2011). Cueing complex animations: Does direction of attention foster learning processes?. *Learning and Instruction*, 21,650 – 663.

Lin, L. , & Atkinson, R. K. (2011). Using animations and visual cueing to support learning of scientific concepts and processes. *Computers & Education*, 56(3),650 – 658.

Lin, X. , & Lehman, J. D. (1999). Supporting learning of variable control in a computer-based biology environment: Effects of prompting college students to reflect on their own thinking. *Journal of Research in Science Teaching*, 36(7),837 – 858.

Mautone, P. , & Mayer, R. E. (2001). Signaling as a cognitive guide in multimedia learning. *Journal of Educational Psychology*, 93(2),377 – 389.

Mayer, R. E. (2005). Cognitive theory of multimedia learning. In R. E. Mayer (Ed.), *The Cambridge handbook of multimedia learning*. (pp. 31 – 48). New York, NY, US: Cambridge University Press.

Mayer, R. E. (2009). *Multimedia learning* (2nd ed.). New York: Cambridge University Press.

Mayer, R. E. (2014). Incorporating motivation into multimedia learning. *Learning and Instruction*, 29, 171 – 173.

Mayer, R. E. , Dow, G. T. , & Mayer, S. (2003). Multimedia learning in an interactive self-explaining environment: What works in the design of agent-based microworlds? *Journal of Educational Psychology*, 95(4),806 – 812.

Mayer, R. E. , & Moreno, R. (2003). Nine ways to reduce cognitive load in multimedia learning. *Educational Psychologist*, 38(1),43 – 52.

Moreno, R. (2007). Optimising learning from animations by minimising cognitive load:

Cognitive and affective consequences of signalling and segmentation methods. *Applied Cognitive Psychology*, *21*(6),765 - 781.

Moreno, R. (2009). Learning from animated classroom exemplars: The case for guiding student teachers' observations with metacognitive prompts. *Educational Research and Evaluation*, *15*(5),487 - 501.

Moreno, R., & Mayer, R. E. (2005). Role of guidance, reflection, and interactivity in an agent-based multimedia game. *Journal of Educational Psychology*, *97*(1),117-128.

Moreno, R., & Mayer, R. (2007). Interactive multimodal learning environments. *Educational Psychology Review*, *19*(3),309 - 326.

Moreno, R., & Mayer, R. (2010). Techniques that increase generative processing in multimedia learning: Open questions for cognitive load research. In J. Plass, R. Moreno & R. Brünken (Eds.) *Cognitive Load Theory*, (pp. 153 - 177), New York, NY, US: Cambridge University Press.

Moreno, R., Reisslein, M., & Ozogul, G. (2009). Optimizing Worked- Example Instruction in Electrical Engineering: The Role of Fading and Feedback during Problem-Solving Practice. *Journal of Engineering Education*, *98*(1),83 - 92.

Ozcelik, E., Arslan-Ari, I., & Cagiltay, K. (2010). Why does signaling enhance multimedia learning? evidence from eye movements. *Computers in Human Behavior*, *26*(1),110 - 117.

Ozcelik, E., Karakus, T., Kursun, E., & Cagiltay, K. (2009). An eye-tracking study of how color coding affects multimedia learning. *Computers & Education*, *53*(2),445 - 453.

Paas, F., Renkl, A., & Sweller, J. (2003). Cognitive load theory and instructional design: Recent developments. *Educational Psychologist*, *38*(1),1 - 4.

Paas, F., Tuovinen, J. E., van Merrienboer, J. J. G., & Darabi, A. A. (2005). A motivational perspective on the relation between mental effort and performance: Optimizing learner involvement in instruction. *Educational Technology Research and Development*, *53*, 25 - 34.

Plass, J. L., Heidig, S., Hayward, E. O., Homer, B. D., & Um, E. (2014). Emotional design in multimedia learning: Effects of shape and color on affect and learning. *Learning and Instruction*, *29*, 128 - 140.

Rey, G. D., & Buchwald, F. (2011). The expertise reversal effect: Cognitive load and motivational explanations. *Journal of Experimental Psychology: Applied*, *17*(1),33 - 48.

Rosenshine, B., Meister, C., & Chapman, S. (1996). Teaching students to generate questions: A review of the intervention studies. *Review of Educational Research*, *66*, 181 - 221.

Roy, M., & Chi, M. T. H. (2005). The self-explanation principle in multimedia learning. In R. E. Mayer (Ed.), *The Cambridge handbook of multimedia learning* (pp. 271 - 286). New York, NY, US: Cambridge University Press.

Ryan, R. M. (1982). Control and information in the intrapersonal sphere: An extension of cognitive evaluation theory. *Journal of Personality and Social Psychology*, *43*,450 - 461.

Schnotz, W. (2010). Reanalyzing the expertise reversal effect. *Instructional Science*, *38*,

315 - 323.

Schnotz, W. , Fries, S. , & Horz, H. (2009). Motivational aspects of cognitive load theory. In M. Wosnitza, S. A. Karabenick, A. Efklides, & P. Nenniger (Eds.), *Contemporary motivation research: From global to local perspectives* (pp. 69 - 96). New York: Hogrefe & Huber.

Schnotz, W. , & Kurschner, C. (2007). A reconsideration of cognitive load theory. Educational Psychology Review, *19*(4),469 - 508.

Sweller, J. , van Merrienboer, J. J. G. , & Paas, F. (1998). Cognitive architecture and instructional design. *Educational Psychology Review*, *10*(3),251 - 296.

Wouters, P. , Paas, F. , & van Merrienboer, J. J. G. (2009). Observational learning from animated models: Effects of modality and reflection on transfer. *Contemporary Educational Psychology*, *34*(1),1 - 8.

第十一章　研究案例三：学习代理人与教学反馈

引　言

随着对采用何种方法和指导方针来提高学习环境有效性的研究继续深入，研究人员的注意力越来越集中在诸如"多媒体环境中动机、社会互动和认知过程是如何影响学习的"这类问题上（Mayer，Sobko & Mautone，2003；Moreno，2007；Moreno & Mayer，2007）。多媒体环境能够提供一个平台，来巧妙地结合文字和图片，并运用这些因素来促进学习（Mayer，2005）。例如，研究人员发现，运用学习代理人能促进计算机和学习者之间的社会交互，能优化学习过程（Atkinson，2002；Craig，Gholson，& Driscoll，2002；Dunsworth & Atkinson，2007）。学习代理人是一种通过言语或非言语的沟通提供教学信息的逼真形象。一个学习代理人应该结合以下的一部分或所有特征：(a)人的形象，(b)运动，(c)目标导向的手势，(d)面部表情，(e)注视，(f)人声，(g)个性化的语音，以及(h)对学习者的行为进行反馈的交互行为（例如提供言语反馈）。本研究旨在探究在多媒体教学中，学习代理人和不同种类的教学反馈对学习、动机以及认知的影响。

社会代理理论的观点

社会代理理论（Atkinson，Mayer，& Merrill，2005；Mayer，Sobko，et al.，2003）是研究人员用来探究学习代理人在多媒体学习环境中的效果的理论框架之一。根据该理论，一个学习代理人出现在计算机屏幕上并且为学习者提供言语或非言语的学习线索，这些线索能很好地激活社会互动图式，并将学习者带入到社会互动中。因此，学习代理人可以触发学习者在基于计算机的多媒体学习环境中和学习代理人进行交互，就如同他平时和自己的同学、导师、老师在教室里的互动一样。一旦学习者认定计算机上的教育情景是一种社会事件，他们与计算机进行交互时，就会运用社会规则——人与人之间沟通的准则（Reeves & Nass, 1996；Van der Meij, 2013）。目前有很多运用到人机互动研究中的社会准则——其一就是合作原则（Grice, 1975）。Grice 提出，一个在人与人交往中聆听别人的人，会假设说话人很努力地想通过有效的、精确的、相关的、简洁的沟通来和人交流。因此，学习者在这种情境下会被潜在地激发，以便来使呈现给他/她的信息有意义，并且使得深入地加工信息和有意义学习更有可能发生。总之，他们会更积极地提取相关信息，并将提取的信息融合到已有的知识里。

　　一些教育领域研究的实证依据能够支持社会代理理论。若干研究显示在多媒体情境下，学习代理人的出现能带来积极的学习效果。例如，Atkinson 2002 发表的论文中报告了一项研究，该研究运用一只动画鹦鹉（Peedy）作为学习代理人，在多媒体情境下以样例的形式进行有关比例的文字应用题的教学。他发现学习同样的内容时，在有鹦鹉学习代理人实验条件中的研究参与者在描述教学内容时的表现显著好于那些没有鹦鹉学习代理人实验条件中的研究参与者。这个发现表明，学习代理人的存在提高了学习者在多媒体学习环境中的效率。其他研究（例如，Dunsworth & Atkinson, 2007；Lester et al., 1997；Lusk & Atkinson, 2007；Moreno, Mayer & Lester, 2000；Moreno, Mayer, Spires & Lester, 2001；Yilmaz & Kilic-Cakmak, 2012）也表明了学习代理人的存在促进了多媒体环境中的学习。Kim 和 Ryu（2003）对 28 个相关研究进行了总结，他们发现，学习代理人视觉上的存在，对教学起到积极的影响。另外，以往的一些研究还表明，学习代理人的声音（例如个性化的言语）以及情感行为（例如面部表情）对多媒体环境中学习者的情感状态（例如动机、兴趣）有积极的影响（Atkinson et al., 2005；Baylor & Kim, 2005，2009；Kim & Baylor, 2006；Kim, Baylor & Shen，2007）。这些发现为学习代理人的社会动机效应提供了进一步的依据。另外，Atkinson 等研究人员发现，在进行样例学习时，如果比较听到的持人声的学习代理人和听到持机器声的学习代理人两种情况，学习者对持人声的学习代理人评价更高，同时他们的学习表现也更好。因此，在多媒体环境中，研究需要对学习、动机和认知都给予考虑，因为这三者都受不同的教学方法和媒介的影响（Brünken, Plass & Moreno, 2010；Moreno, 2010；Moreno & Mayer, 2007）。

认知负荷理论

认知负荷理论（CLT；Paas，Renkl & Sweller，2003；Schnotz & Kurschner，2007；Sweller，1994；Sweller，Ayres & Kalyuga，2011；Sweller，van Merrienboer，Jeroen & Paas，1998）为研究人员提供了另外一个用于解释学习代理人研究结果的理论框架。CLT 的建立基于多元工作记忆模型（Baddeley，2007），其模型假定人类通过二元感官通道（听觉通道和视觉通道）来处理信息，并且通常情况下都有一个受限制的工作记忆容量。在学习过程中，学习者需要选择两种通道中的相关信息，将它们在工作记忆中组合起来，并最终将它们整合到他们原有的知识中。这个过程对于学习来说是必不可少的，它促进了图式的构建以及信息向长时记忆的转化（Sweller，2005）。当学习者工作记忆容量超限时，他们就会有认知负荷超载的体验。

认知负荷有三种来源——内在认知负荷、外在认知负荷和关联认知负荷。内在认知负荷来源于所学内容本身的复杂性，该复杂性源于加工某学习任务所必需的交互元素个数（Sweller，2005）。交互元素的增加会使得内在认知负荷增加，工作记忆负荷增加，任务难度增加（Sweller，2010）。外在认知负荷是由不当的教学设计引起的，教学从业者若要促进学生学习，就需要尽力减少此种负荷。最后，关联认知负荷来源于促进图式建构所必须的努力程度。除此之外，元素交互性是造成认知负荷的潜在原因（Sweller，2010）。Sweller 认为这种观点使不同来源的认知负荷的测量变得困难，但是总的认知负荷仍然是可以测定的，并且目前被研究人员普遍采用的任务难度主观评价方法依然能够决定总的认知负荷的变化。

教学设计或者教学形式，对学习者如何与学习环境交互以及他们的认知负荷有潜在的影响。例如，"有学习代理人的多媒体学习环境设计对于学习是无作用甚至有消极作用"这种观点是有待商榷的。根据 Harp 和 Mayer(1998)的研究，带有姿势、目光、面部表情和运动的学习代理人可能向学习者提供了过多分散注意力的细节，导致学习者从相关的信息中分散精力，从而使得他们在学习的过程中外在认知负荷增加。几项研究的结果也支持了这种观点（Chen，2012；Choi & Clark，2006；Craig et al.，2002；Mayer，Dow & Mayer，2003）。例如，在 Choi & Clark(2006)的研究中，在多媒体教程中学习代理人或箭头记号被用来进行英语从句的教学。然而，研究的结果并不能说明运用学习代理人能为学习带来任何益处。这项发现与 Mayer 等人 2003 年发表的一项研究结果一致。他们发现，学习时伴有学习代理人的研究参与者和无学习代理人的学习者相比，学习迁移能力无显著提升。

现有的有关学习代理人效果方面的教育研究文献充斥着不同的研究假设和实验结果(Heidig & Clarebout，2011)。事实上，一些研究人员认为，在学习环境中嵌入一个学习代理人能否对学习者的学习带来益处，目前无法得出一个具有普遍性的结论。因此，研究应该在考虑到学习者的性格特点、学习代理人的功能及设计、学习环境、知识种类等一系列潜在变量的情况下来探究特定条件下学习代理人的有效性(Atkinson et al.，2009；Johnson，DiDonato & Reisslein，2013；Kim & Wei，2011；Ozogul，Johnson，Atkinson & Reisslein，2013；for review，see Dehn & van Mulken，2000；Heidig & Clarebout，2011)。因此，研究人员提议应该在特定的知识领域中来研究学习代理人的效果。为了阐明有关学习代理人模棱两可的研究结果，本研究旨在探究用于进行科学教育的多媒体学习环境中学习代理人提供言语反馈对学习者带来的在学习和动机方面的益处。

言语反馈的种类

Shute(2008)定义反馈为"为了促进学习者学习并以改变他们的想法和行为为目的的信息传递"(p.154)。教学设计者将反馈视为有效教学中的重要环节(Sullivan & Higgins，1983)，因为它能帮助学习者监控他们的学习(Butler & Winne，1995)。在过去的几十年中，研究人员从多个角度探究了学习和教学过程中反馈的作用，例如：反馈的时机(直接反馈 vs. 延迟反馈，Schroth，1992)、反馈的来源(自我形成的反馈 vs. 外界提供的反馈，Andre & Thieman，1988)以及反馈的详细程度(简单反馈 vs. 精细反馈，Moreno，2004)。为帮助其他研究人员和从业者更好地理解反馈的有效性，研究人员从以往的研究中找到了一些反馈的模型(Bangert-Drowns，Kulik，Kulic & Morgan，1991；Butler & Winne，1995；Hattie & Timperley，2007)。这些模型的共通点是反馈的有效性与学习者的一系列内部因素、外部因素有关。Azevedo 和 Bernard (1995)发表的元分析为上述观点提供了依据。该元分析的结果表明，文献中某一特定类型的反馈的效果是不一致的。

一种对反馈的分类方法是基于反馈包含的信息数量将其分为简单反馈和精细反馈(Bangert-Drowns et al.，1991)。反馈可以如判断学习者的反应正确与否那样简单的反馈(简单反馈)，也可以是对学习者的反应提供详细的解释(精细反馈)。Bangert-Drowns et al.(1991)回顾了 40 个运用计算机和未使用计算机的相关研究。他们的研究发现，运用复杂反馈较简单反馈能产生更大的效果。另外，研究表明，在基于计算机的学习环境中精细反馈是有效的（例如，Narciss & Huth，2006；Pridemore & Klein，1991）。例如 Pridemore 和 Klein（1991）发现，无论学习者是否能够控制学习进度，收到精细反馈的研究参与者比收到证实反馈（简单反馈）的研究参与者表现得更出色。这种效应可以解释为精细反馈暗示学习者进入到复杂认知过程，并增强了他们的深层理解（Anderson & Reder，1979）。

学习代理人的一种功能就在于其有能力在学习者与多媒体环境交互时充当一种言语社会线索（即反馈）。考虑到反馈对促进认知过程的积极效果（Azevedo & Bernard，1995；Bangert-Drowns et al.，1991），研究人员可以充分预测，为学习者提供外部的言语反馈能促使其在与学习代理人交互的学习环境中获得积极的学习效果。例如，研究参与者在两项实验中完成了一个为不同气候状况搭配植物的任务。这款探索游戏是一个嵌入学习代理人的学习环境。两个实验的结果都显示，采用提供口头的解释性反馈（即精细反馈）的学习代理人较提供简单反馈的同一学习代理人更能促进学习，并能减轻认知负荷。然而，文献综述显示，有很多变量会影响反馈的效果。因此，一个非游戏的学习环境，包含了一个无学习代理人的控制组的研究，是对 Moreno 和她的同事先前所从事的学习代理人和反馈交互研究（Moreno，2004；Moreno & Mayer，2005）的延续，会很有学术价值。

实 验 概 述

本实验的目的是探究多媒体环境中提供言语反馈的学习代理人的作用。具体来说，本研究旨在验证社会代理理论和认知负荷理论，探究学习代理人和反馈的种类对学习成绩、动机和认知负荷的效应，以及学习代理人和反馈种类间的潜在交互作用。本研究在多媒体学习范畴下，旨在解决三个问题：（1）一个陈述教学内容的学习代理人是如何影响学习、动机和认知负荷的？（2）不同种类的教学反馈是如何影响学习、动机和认知负荷的？（3）学习代理人的存在和不同反馈的种类之间是否在学习、动机和认知负荷方面有交互作用？

研究人员操控了两个自变量——学习代理人的存在（有学习代理人或无学习代理人）和言语反馈的类型（简单或精细），因变量是学习成绩、认知负荷以及动机。学习时间作为一个过程变量。

由于文献关于学习代理人对学习的效应存在分歧（例如，Dehn & van Mulken，

2000；Heidig & Clarebout，2011），研究人员对社会代理理论（social agency theory）的观点和认知负荷理论的观点得出的研究假设进行了检验。研究人员假设，研究参与者在伴有学习代理人的情况下获得的学习成绩更好，并且内在动机更强。社会代理理论支持该假设，因为该理论认为"学习代理人有能力唤起学习者的社会图式，激发他们的动机，以便于他们选择和加工相关的学习刺激。然而，从认知负荷理论的观点看，研究人员假设，学习代理人是否存在没有太大的影响，甚至其存在会带来更高的认知负荷。因此，研究人员假设，伴有学习代理人的研究参与者会感受到更多的外在认知负荷。

在反馈方面，本研究有以下几个假设。研究人员假设学习时接受精细反馈的研究参与者与接受简单反馈的研究参与者相比，学习成绩更好。另外，研究人员从社会代理理论的观点出发提出了假设：学习时有学习代理人并且得到精细反馈的研究参与者的学习成绩胜过有学习代理人但只得到简单反馈的研究参与者的学习成绩。这一假设也考虑到了潜在调节变量的影响（Azevedo & Bernard，1995；Dehn & van Mulken，2000；Heidig & Clarebout，2011）。

方　　法

研究参与者和设计

研究参与者由 135 名本科生和研究生组成。他们来自广泛的学科（教育，工程，音乐，商科，新闻等等），可以代表普遍的学生群体。研究参与者可以得到一定数额的现金报酬和课程学分。研究参与者样本由 55 名男性（41%）和 80 名女性（59%）组成。研究参与者的平均年龄为 26.01 岁（SD = 9.21）。

这个研究采用前后对照，2×2 的实验设计。第一个因素为有无学习代理人（有学习代理人 vs. 无学习代理人），第二个因素是语言反馈的类型（简单反馈 vs. 精细反馈）。研究参与者会被随机地分配到四种条件中的一个：(a)有学习代理人/简单反馈，(b)有学习代理人/精细反馈，(c)无学习代理人/简单反馈，(d)无学习代理人/精细反馈。

基于计算机的多媒体学习环境

基于计算机的学习材料包含一个多媒体学习环境，其中包括三节热力学课程——热能转换的介绍，热能转换的传导，热能转换的对流。学习环境由 23 页图像化的展示构成，由 Visual Basic 编译生成，其中包含的动画由 Adobe Flash 生成。每个实验条件下，研究参与者都会看同样数目的包含热力学知识的动画。对研究参与者的学习时间没有限制，因此对每组研究参与者的控制程度是一致的。在环境中分布了 12 道多选题作为练习题。在学习环境的设计中包含练习题，因为它是有效学习的必要部分，有助于模拟真实的学习环境，并且它是提供反馈的活动。

每个实验条件的不同点在于是否有学习代理人的存在以及当研究参与者回答练习题时得到的语言反馈的类型。有学习代理人/简单反馈条件中，一个女性学习代理人（头肩视角）出现在每页中，通过声音讲解教学内容，并在研究参与者每次完成多选练习题后给出简单的反馈（对和错）。研究参与者会收到"是的，正确"或"不是，错误"这两种反馈。有学习代理人/精细反馈条件中出现相同的学习代理人，并且它会出现在和有学习代理人/简单反馈条件相同的位置，通过声音讲解同样的内容，但是会在研究参与者回答练习题后提供精细反馈。两种条件下的学习代理人在面部表情、声音、服饰、头部晃动的频率等各个方面上完全一致。学习代理人/精细反馈条件中的精细反馈不只包括对错，也有关于为什么对和为什么错的讲解。无学习代理人/简单反馈和无学习代理人/精细反馈这两个条件中的界面和有学习代理人的实验条件界面几乎完全相同，只是研究参与者不会看到学习代理人，只能听到声音讲解并在答题后得到反馈。四种条件下有无学习代理人是各异的，但是语音讲解是完全相同的。一个指导语界面会在课程开始前由计算机程序启动，目的是向研究参与者解释系统的操作和学习环境。这个界面没有任何教学内容相关的信息。

测量工具

研究参与者关于学习内容（热力学）的已有知识将会通过一个有 20 道多选题的前测进行评估。每道题有 4 个选项，一个正确选项三个错误选项。每题错误记 0 分，正确记 1 分。因此，前测满分 20 分。研究参与者在前测上的表现会由计算机程序自动进行评估。后测会在课程结束后立刻进行，借以评估学习结果。后测和前测试题相同，但是试题的顺序不同。两个测试有相同的形式，相同的题目数量以及相同的记分方式。12 个练习题也和前后测有同样的形式和记分方式。每题都与屏幕上的内容有关。

研究人员使用了 4 道主观题来评估认知负荷（cognitive load）。这 4 道题是由 NASA－TLX 改编得来，在 Gerjets，Scheiter 和 Catrambone 的研究中也有描述。每个认知负荷问题评分为 1—8(1 为最低,8 为最高)。问题的焦点是评估研究参与者对任务难度的认知,因为这是从元素交互性的角度来体现认知负荷,是一个整体的认知负荷指标。这 4 道题分别是一道专门评估知觉难度的题目外加 3 道和认知负荷有关的项目:努力,任务难易以及挫折。

通过改编 McAuley, Duncan, Tammen (1989)和 Ryan(1982)的测量工具,研究人员用 15 个陈述题评估研究参与者的内部动机。内部动机有六个子量表——兴趣、能力、价值、努力、压力和选择,均采用 8 点利克特量表。

研究流程

实验研究是在一个严格控制的多媒体实验室中进行的。首先,研究参与者要签署同意参加研究的知情书,然后每人坐在一个单独的房间内,面对计算机显示器。一个研究人员会告知研究参与者实验的大致目的和流程。研究参与者在没有时间限制的条件下在计算机上先独立完成前测,然后随机分配到一个实验编号(experiment ID)进行实验。对实验编号的目的是使每个研究参与者匿名。当研究参与者完成课程后,计算机程序会给他们呈现后测试题和态度问卷,完成这两个部分均没有时间限制。当这些都完成后,研究人员会对参与者表示感谢并支付报酬或提供课程学分。实验大约持续 60 分钟。

结　　果

数据分析包含了所有研究参与者的数据,原因如下:(1)没有缺失的个案数据,(2)前测数据结果的筛查发现没有异常值。显著性水平 α 设为.05 水平。Cohen's f 值.10,.25 和.40 分别对应小,中,大的效应值。

已有知识

研究人员使用方差分析用于评估四种条件下的研究参与者在先备知识方面是否具有显著差异。对学习代理人主效应和语言反馈类型的主效应都不显著(Fs<1.00, ps>0.50),交互作用也不显著 $F(1,131) = 2.18, p =.14$。

学习结果

研究人员进行了两因素协方差分析，其中第一个因素是学习代理人的有无，第二个因素是简单或精细反馈的方式。因变量是后测成绩，协变量是前测成绩。斜率同质性假设检验的结果表明，前测成绩和后测成绩之间的关系不是学习代理人或者反馈类型的函数（Fs＜1.00）。之后，协方差分析的结果显示了一个显著的交互作用，$F(1, 130) = .34, MSE = 4.88, p = .56, f = .05$。然而，学习代理人主效应并不显著，$F(1, 130) = .34, MSE = 4.88, p = .56, f = .05$，反馈方式主效应也不显著，$F(1, 130) = 3.43, MSE = 4.88, p = .07, f = .16$。进一步探究交互作用，在控制前测的分数的情况下进行简单主效应分析。统计结果发现，有学习代理人/精细反馈的条件中的研究参与者和对照组有学习代理人/简单反馈条件中的参与者相比学习成绩更高。其余统计分析的结果都不显著。

认知负荷

研究人员进行了四次方差分析，来评估学习代理人和反馈类型对认知难度、心理努力、环境导向和沮丧程度的效应。结果未显示有任何显著的交互作用（all Fs＜2.30 and all ps＞.13）。另外，研究人员采用验证性因素分析方法对这四个认知负荷试题进行了分析，以便于决定这四个题是否可以代表一个潜在因素。通过使用 Mplus 6.1，研究人员使用最大似然估计的方法对假设的单因素模型进行分析。结果显示，该假设模型的拟合度可以接受，$\chi^2(2) = 6.14, p = .047, CFI = .97, SRMR = .05, RMSEA = .12, 90\% CI[.01 - .23]$。基于这样的实证结果，研究人员计算了每名研究参与者在这四道认知负荷试题上的平均数，来代表每名研究参与者的认知负荷。研究人员以认知负荷为因变量、学习代理人和反馈类型为两个自变量进行了两因素方差分析。统计结果并没有显示任何显著的主效应或者是交互效应（Fs ＜ 1.60 and all ps ＞ .21）。

内在动机

研究人员计算出了研究参与者在内在动机的六个分量表（兴趣，能力，价值，努力，压力和选择）上的平均数，然后采用多元方差分析（MANOVA）来探究学习代理人以及言语反馈的类型对这六个分量表的效应。结果显示，学习代理人主效应不显著，$Wilks' \lambda = .98, F(5, 127) = .48, p = .79, f = .14$，不同言语反馈类型主效应也不显著，$Wilks' \lambda = .97, F(5, 127) = .85, p = .52, f = .18$，交互作用同样也不显著，$Wilks' \lambda$

$=.93, F(5,127)=.96, p=.41, f=.20$。

学习时间

研究人员运用两因素方差分析评估多媒体环境中学习代理人和言语反馈的类型对学习时间的影响，学习代理人主效应不显著，言语反馈类型主效应也不显著，交互效应同样不显著（all Fs <1.09 and all ps $>.30$）。

讨　论

关于学习代理人效应的教育研究文献显示，其效应是没有统一结论的。一些实验研究结果支持学习代理人效应（例如，Atkinson，2002；Dunsworth & Atkinson，2007；Lester et al.，1997），而其他的实验研究结果却不支持（例如，Moreno et al.，2001）。本研究旨在遵循 Dehn 和 van Mulken 的建议，来研究具体学习领域中特定类型的学习代理人。研究人员试图通过本研究来解决在多媒体环境中怎样设计学习代理人的问题，使得今后的学习代理人能够有效传递教学内容。本研究具体探究了在一个有关热力学的多媒体教学环境中利用学习代理人提供两种不同形式的言语反馈，所带来的学习、动机和认知上的益处。

陈述教学内容的学习代理人的存在是怎样影响学习、动机和认知负荷的？ 学习代理人这个变量对学习成绩和动机都没有显著的主效应。因此，基于社会代理理论提出的学习代理人能提升学习成绩和动机的假设并没有得到支持。相反，研究结果显示，无学习代理人条件中的研究参与者的学习表现，和有学习代理人条件中的研究参与者一样，这为基于认知负荷理论的研究假设提供了一定的支持，即学习代理人在多媒体学习环境中的存在不会促进学习。另一方面，由于认知负荷理论也表明，学习代理人的存在本身可能也会成为引起认知负荷的一个原因，因此有学习代理人的学习者若报告他们在学习过程中认知负荷水平很高就不奇怪了。然而，研究参与者在有学习代理人和无学习代理人的实验条件中动机和认知负荷的自我报告数据都没有显示出显著的均值差异。这一结果和之前的研究结果共同说明，在有学习代理人嵌入的多媒体学习环境中，学习者的认知负荷水平未必增加（Choi & Clark，2006；Craig et al.，2002；Mayer，Dow et al.，2003）。研究人员可以推断，多媒体教学环境中学习代理人的存在并不会导致元素交互性的增加，因为这种增加无法被自我报告的测量工具捕捉到。

尽管研究人员对本研究中的学习代理人进行了头部移动、眼神、唇部同步讲述等程序的设定，但被分配到学习代理人条件中的研究参与者并没有报告他们的认知负荷水平显著提高。另一种可能的解释是，研究人员的认知负荷工具对于认知负荷的改变可能不够灵敏。接下来的研究需要探究在多媒体环境中如何最佳地测量认知负荷。

不同类型的反馈对学习、动机和认知负荷有什么影响？ 同样地，不同的反馈类型在学习成绩的测量上没有显著主效应。因此，研究人员并没有得到对"研究参与者在得到精细反馈比得到简单反馈的学习表现更好"这一假设的支持。研究人员没有在统计学上找到显著的差异，描述统计量上显示，精细反馈对简单反馈优势的效应量为($f = .16$)，但差异不显著($p = .07$)。尽管研究人员不能下结论认为，精细反馈相比简单反馈更能促进学习，描述统计上反映出来的结果还是和之前研究的发现是一致的。就像之前提到的，内在动机或认知负荷方法在反馈因素上没有显著的作用。

理论界对区分不同的反馈类型有不同的观点(Bangert-Drowns et al.，1991)。本研究中，研究人员探究了学习代理人提供不同类型的反馈这个问题，即学习代理人提供精细和简单的言语反馈。其他种类的反馈，例如反馈形式(文本 vs. 音频)，在有学习代理人的多媒体环境中也可能影响学习成绩、动机和认知负荷。未来的研究应该深入探究这些有趣的问题。

学习代理人的存在和不同的反馈种类之间是否对学习、动机和认知负荷有交互作用？ 研究人员发现，学习代理人和提供的不同种类的反馈有显著的交互效应。具体结果显示，学习代理人提供精细反馈和有学习代理人但提供简单反馈的情况相比，前者情况下学习者的表现更好。这一发现与社会代理理论的观点一致，即提供精细反馈的学习代理人通过提供更高水平的社交线索，能潜在地丰富学习环境(Atkinson et al.，2005；Mayer，Sobko et al.，2003)。也就是说，提供精细反馈的学习代理人较提供简单反馈的同一学习代理人能更好地唤起学习者的社会图式，并促进深层次的加工和有意义的学习。该研究结果和学习代理人以及反馈类型都没有显著效应，都直接回答了"什么时候学习代理人有效？"这个问题，这也是对现有文献的补充。本研究的结果支持了另一观点，即学习代理人的一个功能就是提供言语反馈，而学习代理人的有效性与其提供的反馈类型有关(Heidig & Clarebout，2011)。然而，对学习效应是因为提供的精细反馈，还是学习代理人在行为上与学习者对导师或教师的期望一致，目前还不能确定。或许对学习者来说，他们在经历提供精细反馈的学习代理人的学习过程时，有了得到真正的学习小伙伴的体会，由此，学习者的社会图式被唤醒，促进了他们在计

算机学习环境中采用合作的策略来进行人机交互。

本研究的结果仅仅部分支持了在多媒体环境中学习代理人有效的假设，即学习代理人的有效性取决于学习者回答练习题后它提供的精细反馈。这一研究结果的意义在于，在多媒体环境中嵌入学习代理人所带来的对学习的益处还不能推广应用到更普遍的教育环境中，而只能限定在某些特殊的情况下，例如拟人的学习代理人提供最大限度的言语社会线索（即提供复杂的反馈）。对学习代理人的教学设计和开发不应该仅仅考虑技术层面的问题，而是应该同时重视其在计算机学习环境中的认知方面的功能。在未来的研究中，研究人员应该进一步探索学习代理人提供反馈的调节作用。例如，研究人员可以考虑在教学内容学习的过程中或者在学习者进行练习的过程中，操控学习代理人的存在与否，以便更清楚地了解不同类型的反馈所具有的潜在调节作用。

本研究中，学习代理人在学习者对练习题做出回答以后，通过人声提供教学解释（即精细反馈）的方式来促进学习，这是从本研究的数据中所得到的结论。学习者可能会因为学习代理人所提供的社会线索而对所学的内容进行自我解释，尤其是在学习代理人提供精细反馈的情况下。由此，学习者提高的学习成绩和认知水平很可能是因为自我解释造成的（Chi, de Leeuw, Chiu & LaVancher, 1994）。然而，由于当前研究没有收集任何自我解释的数据，因此这就限制了研究人员将目前研究结果中有关的发现归因为自我解释的效应。在未来的研究中，研究人员将会考虑收集学习者自我解释的数据，例如有声思维方法或书面形式的自我解释。只有这样做，研究人员才能清楚地了解在有学习代理人的多媒体环境中学习者的内在认知过程和机制。

需要注意的一点是，本研究中所使用的学习代理人具有女性的嗓音。实验由Lattner，Meyer 和 Friederici (2005)带领，实验表明学习中的学习代理人与性别无关。因此，学习代理人的性别对于学习者来说有不同的作用是可能的。而且，学习代理人的拟人化可能在学习作用上有不同。在今后的研究中，研究人员计划研究以人类男性角色或非人类卡通角色提供的复杂言语反馈是否在学习代理人和反馈中有相互作用的影响。

研究人员还发现，无论什么类型的反馈或是学习代理人是否存在，学习者用于学习的时间是无显著差异的。考虑到这一点，研究人员可以下这样的结论，影响学习者学习的不是包含在反馈中的对教学内容解释的信息量，而是学习代理人在多媒体学习环境中提供反馈这一功能。本研究结果显示，在有学习代理人提供声音讲解这种社会线索得以最大化呈现的情况下，精细化的言语反馈有促进学习的潜力。另外值得一提的是，在有学习代理人/简单反馈的实验条件中，学习者的学习成绩在描述统计上比两个无学习代理人的实验条件（无学习代理人/简单反馈，无学习代理人/复杂反馈）中的学习者低。这说明，学习代理人提供简单的言语反馈可能对学习有害。这一研究结果需要从社会代理理论和认知负荷理论来考虑。如果学习代理人没有像学习者所期待的那样通过提供有用的解释来促进学习，那么学习者可能就未采用合作原则，由此限制了他们融入到计算机学习环境和学习过程中。

结　　论

本研究结果表明，在利用基于计算机的多媒体学习环境中，学习代理人促进学习的能力会被一些与教学有关的因素影响，例如学习代理人提供的言语反馈。本研究支持了不同类型的言语反馈可能调节了学习代理人效应这一观点，同时也表明了，在基于计算机的多媒体学习环境中，如果想要运用学习代理人来帮助学习者获取特定领域的知识和技能的话，教学设计者应该使这一学习代理人具有充分的社会线索，例如提供精细反馈。

参考文献

Anderson, J. R. , & Reder, L. M. (1979). An elaborative processing explanation of depth of processing. In L. S. Cermak & F. I. M. Craik (Eds.), *Levels of processing in human memory*. Hillsdale, NJ: Erlbaum.

Andre, T. , & Thieman, A. (1988). Level of adjunct question, type of feedback, and learning concepts by reading. *Contemporary Educational Psychology*, 13, 296 - 307.

Atkinson, R. K. (2002). Optimizing learning from examples using animated pedagogical agents. *Journal of Educational Psychology*, 94(2), 416 - 427.

Atkinson, R. K. , Foshee, C. , Harrison, C. , Lin, L. , Joseph, S. , & Christopherson, R. (2009). Does the type and degree of animation present in a visual representation accompanying narration in a multimedia environment impact learning? *Proceedings of World Conference on Educational Multimedia, Hypermedia and Telecommunications 2009* (pp. 726 - 734). Chesapeake, VA: AACE.

Atkinson, R. K. , Mayer, R. E. , & Merrill, M. M. (2005). Fostering social agency in multimedia learning: Examining the impact of an animated agent's voice. *Contemporary Educational Psychology*, 30(1), 117 - 139.

Azevedo, R. , & Bernard, R. M. (1995). A meta-analysis of the effects of feedback in computer-based instruction. *Journal of Educational Computing Research*, *13*(2),111 – 127.

Baddeley, A. (2007). *Working memory, thought, and action*. New York, NY: Oxford University Press.

Bangert-Drowns, R. L., Kulik, C. C., Kulik, J. A., & Morgan, M. (1991). The instructional effect of feedback in test-like events. *Review of Educational Research*, *61*(2), 213 – 238.

Baylor, A. L., & Kim, Y. (2005). Simulating instructional roles through pedagogical agents. *International Journal of Artificial Intelligence in Education*, *15*, 95 – 115.

Baylor, A. L., & Kim, Y. (2009). Designing nonverbal communication for pedagogical agents: When less is more. *Computers in Human Behavior*, *25*(2),450 – 457.

Brünken, R., Plass, J. L., & Moreno, R. (2010). Current issues and open questions in cognitive load research. In J. L. Plass, R. Moreno & R. Brünken (Eds.), *Cognitive Load Theory*, (pp. 253 – 272). New York, NY, US: Cambridge University Press.

Butler, D. L., & Winne, P. H. (1995). Feedback and self-regulated learning: A theoretical synthesis. *Review of Educational Research*, *65*(3),245 – 281.

Chen, Z. H. (2012). We care about you: Incorporating pet characteristics with educational agents through reciprocal caring approach, *Computers & Education*, *59*,1081 – 1088.

Chi, M. T. H., de Leeuw, N., Chiu, M., & LaVancher, C. (1994). Eliciting self-explanations improves understanding. *Cognitive Science: A Multidisciplinary Journal*, *18* (3),439 – 477.

Choi, S., & Clark, R. E. (2006). Cognitive and affective benefits of an animated pedagogical agent for learning English as a second language. *Journal of Educational Computing Research*, *34*(4),441 – 466.

Cohen, J. (1988). *Statistical power analysis for the behavioral sciences* (2nd ed.). Hillsdale, N. J.: L. Erlbaum Associates.

Craig, S. D., Gholson, B., & Driscoll, D. M. (2002). Animated pedagogical agents in multimedia educational environments: Effects of agent properties, picture features and redundancy. *Journal of Educational Psychology*, *94*(2),428 – 434.

Dehn, D. M., & van Mulken, S. (2000). The impact of animated interface agents: A review of empirical research. *International Journal of Human-Computer Studies*, *52*(1),1 – 22.

Dunsworth, Q., & Atkinson, R. K. (2007). Fostering multimedia learning of science: Exploring the role of an animated agent's image. *Computers & Education*, *49*(3),677 – 690.

Gerjets, P., Scheiter, K., & Catrambone, R. (2004). Designing instructional examples to reduce intrinsic cognitive load: Molar versus modular presentation of solution procedures. *Instructional Science*, *32*(1 – 2),33 – 58.

Grice, H. P. (1975). Logic and conversation. In P. Cole & J. Morgan (Eds.), Syntax and semantics (Vol. 3, pp. 41 – 58). New York : Academic Press.

Hattie, J., & Timperley, H. (2007). The power of feedback. *Review of Educational Research*, *77*,81 – 112.

Harp, S. F., & Mayer, R. E. (1998). How seductive details do their damage: A theory of cognitive interest in science learning. *Journal of Educational Psychology*, *90*(3),414 – 434.

Harrison, C. , & Atkinson, R. K. (2009). Narration in Multimedia Learning Environments: Exploring the Impact of Voice Origin, Gender, and Presentation mode. In G. Siemens &C. Fulford (Eds.), *Proceedings of World Conference on Educational Multimedia*, *Hypermedia and Telecommunications 2009* (pp. 980 – 985). Chesapeake, VA: AACE.

Hart, S. G. , & Staveland, L. E. (1988). Development of NASA-TLX (Task Load Index): Results of experimental and theoretical research. In P. A. Hancock & N. Meshkati (Eds.), *Human mental workload* (pp. 139 – 183). Amsterdam: North-Holland.

Heidig, S. , & Clarebout, H. (2011). Do pedagogical agents make a difference to student motivation and learning? *Educational Research Review*, *6*,27 – 54.

Johnson, A. M. , DiDonato, M. D. & Reisslein, M. (2013). Animated agents in K – 12 engineering outreach: Preferred agent characteristics across age levels. *Computers in Human Behavior*, *29*,1807 – 1815.

Kim, Y. , & Baylor, A. L. (2006). A social-cognitive framework for pedagogical agents as learning companions. *Educational Technology Research and Development*, *54*,569 – 590.

Kim, Y. , Baylor, A. L. , & Shen, E. (2007). Pedagogical agents as learning companions: The impact of agent emotion and gender. *Journal of Computer Assisted Learning*, *23*,220 – 234.

Kim, M. & Ryu, J. (2003). Meta-Analysis of the Effectiveness of Pedagogical Agent. In D. Lassner & C. McNaught (Eds.), *Proceedings of World Conference on Educational Multimedia*, *Hypermedia and Telecommunications 2003* (pp. 479 – 486). Chesapeake, VA: AACE.

Kim, Y. , & Wei, Q. (2011). The impact of learner attributes and learner choice in an agent-based environment. *Computers & Education*, *56*,505 – 514.

Lattner, S. , Meyer, M. E. , & Friederici, A. D. (2005). Voice perception: Sex, pitch, and the right hemisphere. *Human Brain Mapping*, *24*(1),11 – 20.

Lester, J. C. , Converse, S. A. , Kahler, S. E. , Barlow, S. T. , Stone, B. A. , & Bhoga, R. S. (1997). The personal effect: Affective impact of animated pedagogical agents. In Proceedings of CHI_97 (pp. 359 – 366). New York: ACM Press.

Lusk, M. M. , & Atkinson, R. K. (2007). Animated pedagogical agents: Does their degree of embodiment impact learning from static or animated work examples? *Applied Cognitive Psychology*. *21*(6),747 – 764.

Mayer, R. E. (2005). Cognitive theory of multimedia learning. In R. E. Mayer (Ed.), *The Cambridge Handbook of Multimedia Learning*. (pp. 31 – 48). New York, NY, US: Cambridge University Press.

Mayer, R. E. , Dow, G. T. , & Mayer, S. (2003). Multimedia learning in an interactive self-explaining environment: What works in the design of agent-based microworlds? *Journal of Educational Psychology*, *95*(4),806 – 812.

Mayer, R. E. , Sobko, K. , & Mautone, P. D. (2003). Social cues in multimedia learning: Role of speaker's voice. *Journal of Educational Psychology*, *95*(2),419 – 419.

McAuley, E. , Duncan, T. , & Tammen, V. V. (1989). Psychometric properties of the

Intrinsic Motivation Inventory in a competitive sport setting: A confirmatory factor analysis. *Research Quarterly for Exercise and Sport*, *60*, 48 – 58.

Moreno, R. (2004). Decreasing Cognitive Load for Novice Students: Effects of Explanatory versus Corrective Feedback in Discovery-Based Multimedia. *Instructional Science*, *32*(1), 99 – 113.

Moreno, R. (2007). Optimizing learning from animations by minimizing cognitive load: Cognitive and affective consequences of signaling and segmentation methods. *Applied Cognitive Psychology*, *21*, 1 – 17.

Moreno, R. (2010). Cognitive load theory: More food for thought. *Instructional Science*, *38* (2), 135 – 141.

Moreno, R., & Mayer, R. E. (2005). Role of guidance, reflection, and interactivity in an agent-based multimedia game. *Journal of Educational Psychology*, *97*(1), 117 – 128.

Moreno, R., & Mayer, R. E. (2007). Interactive multimodal learning environments. *Educational Psychology Review*, *19*(3), 309 – 326.

Moreno, R., Mayer, R. E. & Lester, J. (2000). Life-Like Pedagogical Agents in Constructivist Multimedia Environments: Cognitive Consequences of their Interaction. In J. Bourdeau & R. Heller (Eds.), *Proceedings of World Conference on Educational Multimedia*, *Hypermedia and Telecommunications 2000* (pp. 776 – 781). Chesapeake, VA: AACE.

Moreno, R., Mayer, R. E., Spires, H. A., & Lester, J. C. (2001). The case for social agency in computer-based teaching: Do students learn more deeply when they interact with animated pedagogical agents? *Cognition and Instruction*, *19*(2), 177 – 213.

Narciss, S., & Huth, K. (2006). Fostering achievement and motivation with bug-related tutoring feedback in a computer-based training for written subtraction. *Learning and Instruction*, *16*(4), 310 – 322.

Ozogul, G., Johnson, A. M., Atkinson, R. K., & Reisslein, M. (2013). Investigating the impact of pedagogical agent gender matching and learner choice on learning outcomes and perceptions. *Computers & Education*, *67*, 36 – 50.

Paas, F., Renkl, A., & Sweller, J. (2003). Cognitive load theory and instructional design: Recent developments. *Educational Psychologist*, *38*(1), 1 – 4.

Pridemore, D. R., & Klein, J. D. (1991). Control of feedback in computer-assisted instruction. *Educational Technology Research and Development*, *39*(4), 27 – 33.

Reeves, B., & Nass, C. (1996). *The media equation*. New York: Cambridge University Press.

Ryan, R. M. (1982). Control and information in the intrapersonal sphere: An extension of cognitive evaluation theory. *Journal of Personality and Social Psychology*, *43*, 450 – 461.

Scheiter, K., Gerjets, P., & Catrambone, R. (2006). Making the abstract concrete: Visualizing mathematical solution procedures. *Computers in Human Behavior*, *22*, 9 – 25.

Schnotz, W., & Kurschner, C. (2007). A reconsideration of cognitive load theory. *Educational Psychology Review*, *19*(4), 469 – 508.

Schroth, M. L. (1992). The effects of delay of feedback on a delayed concept formation transfer task. *Contemporary Educational Psychology*, 17, 78-82.

Shute, V. J. (2008). Focus on Formative Feedback. *Review of Educational Research*, 78(1), 153-189.

Sullivan, H., & Higgins, N. (1983). *Teaching for competence*. New York, US: Teachers College Press.

Sweller, J. (1994). Cognitive load theory, learning difficulty, and instructional design. *Learning and Instruction*, 4(4), 295-312.

Sweller, J. (2005). Implications for cognitive load in multimedia learning. In R. E. Mayer (Ed.), *The cambridge handbook of multimedia learning* (pp. 19-30). New York, NY: Cambridge University Press.

Sweller, J. (2010). Element interactivity and intrinsic, extraneous, and germane cognitive load. *Educational Psychology Review*, 22, 123-138.

Sweller, J., Ayres, P., & Kalyuga, S. (2011). *Cognitive load theory*. New York: Springer.

Sweller, J., van Merrienboer, Jeroen J. G., & Paas, F. G. W. C. (1998). Cognitive architecture and instructional design. *Educational Psychology Review*, 10(3), 251-296.

Van der Meij, H. (2013). Motivating agents in software tutorials. *Computers in Human Behaviors*, 29, 845-857.

Yilmaz, R. & Kilic-Cakmak, E. (2012). Educational interface agents as social models to influence learner achievement, attitude and retention of learning. *Computers & Education*, 59, 828-838.

第十二章　研究案例四：图像与自我解释

引　言

在过去的几十年里，研究人员对于不同类型的图像对学习的作用进行了一些研究，但研究结果始终是莫衷一是。尽管一些实证研究发现动态和静态的图像在促进学习效果上是相同的（例如 Kim，Yoon，Whang，Tversky & Morrison，2007；Mayer，Deleeuw & Ayres，2007），但是其他一些研究却显示动画在促进学习方面比静态图像更有效（例如 Arguel & Jamet，2009；Lin & Atkinson，2011；Rieber，1990）。Kozma（1994）指出，仅仅"简单粗暴地"让学习者使用各种教学媒体，并不能自动地引导他们深刻地理解和学习。因此，为了更好地在多媒体环境中促进学习和认知，研究人员应该考虑通过结合认知策略等方法来促进思维模型的建构（Berthold，Eysink & Renkl，2009；Roy & Chi，2005）。本文报告的两个研究探究了多媒体环境中动态/静态图像的效果，以及在多媒体环境中提供一般认知策略（自我解释）作为一种教学辅助手段对学习人类心血管系统的促进作用。

基于不同类型图像的学习

动画是指一系列随时间变化的视觉表征。很多人都认为，动画对学习有促进作用。早期研究为这个假定提供了证据。例如 Rieber（1990）发现，如果让研究参与者通过动态图像来学习描述牛顿运动定律，那么他们在学习之后的测验表现会更好。动态图像较静态图片的优势还在一些早期各领域的研究中有所体现，如生物（Large，Beheshti，Breuleux & Renaud，1996），数学（Thompson & Riding，1990），工程学

(Park & Gittelman，1992)。Tversky，Morrison 和 Betrancourt(2002)回顾了早期相关研究后认为，由于这些研究中静态图像和动态图像提供的信息量不等价，因此这些研究结果并不十分令人信服。

从后续实证研究的结果来看，关于动画和静态图像孰优孰劣依然没有定论：一些研究显示了动画效果的优越性（例如，Arguel & Jamet，2009；Ayres，Marcus，Chan & Qian，2009；Catrambone & Seay，2002；Lai，2000；Lin & Atkinson，2011；Michas & Berry，2000；Wong，Marcus，Ayers，Smith，Cooper，Paas，et al.，2009；Yang，Andre & Greenbowe，2003）。例如，Wong et al.（2009）在三个研究里发现，通过动画学习的研究参与者比通过静态图像学习的研究参与者更成功地完成了折纸任务。Lin 和 Atkinson(2011)发现相比静态图表，动画对学习岩石圈方面的知识更有效。然而，在其他一些研究中，动态图像和静态图像对学习的效果是无显著差异的(Boucheix & Schneider，2009；Kim et al.，2007；Mayer et al.，2007；Münzer，Seufert & Brünken，2009)。例如 Boucheix 和 Schneider(2009)研究了动画、五帧静态图像结合在一起呈现、五个帧静态图像先后呈现以及一幅静态图片对理解机械系统的效应。他们发现，相对于单幅静态图像的实验条件，特殊设计的静态图像实验条件（即五帧静态图像结合在一起呈现）和动画条件能更好地促进理解能力的发展。除了这些报告动画和静态图像无差异的研究以外，Mayer，Hegarty，Mayer 和 Campbell（2005）在研究中还发现，静态插图配上印刷文字比动画能更好地解释闪电是如何形成的，厕所水箱是如何工作的，海浪的起伏以及刹车系统是如何工作的。基于以上这些研究结果，研究人员和教育设计人员是不应该假定动画总是有效果的。

根据这些具有分歧的结果，研究人员提出了三个对立的假设——动态假设，静态假设和等价假设。研究人员从认知负荷的角度详细阐述了这三个假设(Paas，Renkl & Sweller，2003；Schnotz & Kurschner，2007；Sweller，van Merrienboer & Paas，1998)。认知负荷由三个成分构成：内在认知负荷，外在认知负荷以及关联认知负荷。内在负荷取决于学习材料和任务的本质属性；外在认知负荷是由不恰当的教学设计所耗费的认知资源，它与学习不相关。关联认知负荷是为了构建心理模型所耗费的认知资源。从动态假设的观点来看，动画比静态图像更能有效促进学习。学习者在观看动画时不需要在头脑中将所呈现的信息转化成动态的，这跟他们看静态图像时的认知过程不同(Hegarty，1992)。因此，动画能减少内在认知负荷，使得学习者将更多的认知资源分配到深度学习的活动中。因此，动画能促进关联负荷。另一方面，静态假设认为,静态图像比动态图像更有促进学习的潜力。当动画中的关键帧被提取出来以静态图像的形式呈现的时候,它们往往能够显示某一过程中的重要阶段,因此,无关信息(即外在认知负荷)就会减少(Mayer et al.,2005)。另外,学习者需要对以静态图像呈现的关键帧之间的变化过程进行推理,以便了解整个动态过程。由这种推理所耗费的认知资源可能对促进学习有积极的作用,由此,关联认知负荷得到了促进。从等价假设上看,不管图像是动态的还是静态的,不同类型的图像可能仅仅是教学的一种模式和表面特征(Berthold & Renkl,2009)。和其他诸如形状和颜色等表面特征相似,图像的类型很少对学习者的心理模型建构有作用。因此,动态和静态的图像在影响学习和认知负荷上是相同的。这三个假设反映了当前通过不同类型的图像来学习的相关研究所存在的分歧。需要指出的是,过去对动画和静态图像的比较研究很少涉及认知策略。然而,基于图像的学习需要一些认知策略来支持教与学(Mayer et al.,2005;Renkl & Atkinson,2002)。

通过自我解释提示支持学习

Hegarty(2004)指出,研究人员应探究动画对学习有积极作用的特定条件。本研究将通过两项实验,在某一提供自我解释提示的多媒体环境中,来检验动态假设、静态假设和等价假设。

自我解释是促进学习者积极建构知识的一种领域普遍策略。自我解释提示是引出学习者解释他们所学习知识的问题。很多研究都是在基于计算机的学习环境中展开的,而这些研究的结果都为自我解释提示的有效性提供了实证依据(Aleven & Koedinger,2002;Atkinson,Renkl & Merrill,2003;Berthold,Eysink & Renkl,2009;Berthold & Renkl,2009;Mayer,Dow & Mayer,2003)。例如,Mayer和他的同事在呈现有关电机工作原理的动画前,给学习者呈现了自我解释提示问题。他们发现,这种学习方式下的学习者比那些没有通过这种方式学习的人表现更好。对已有的这些研究文献进行分析的话,不难得出这样的结论,由提示问题引导的自我解释,对促进在多媒体学习环境中的深度学习和积极学习起到了重要作用。从认知负荷的观点来看,提示学习者进行自我解释能促进他们建构心理模型的认知过程,从而促进关联认知负荷。

然而,由于自我解释需要耗费大量的认知资源,学习者可能会因为进行自我解释而产生相当多的认知负荷,尤其是在有丰富的图形界面的多媒体环境中。因此,在多媒体学习环境中，自我解释可能不会促进学习，甚至可能会使学习者由于认知超负荷而阻碍学习。目前文献中的一些研究也表明了自我解释提示的作用效果不显著(Gerjets, Scheiter & Catrambone, 2006；Große & Renkl, 2007)。在 Gerjets, Scheiter 和 Catrambone 的研究中(2006)，参与者通过自我解释提示或者课本注释两种不同的样例格式来学习。研究结果并没有显示自我解释提示在促进学习方面的优势。研究人员甚至发现，当最佳的设计样例呈现给学习者时，自我解释提示甚至对学习有害。总之，当前的研究有必要深入探究自我解释提示的作用，尤其是在特定条件下。

Tversky 等人认为，动画对学习的效果好往往是由于学习者对动画的内容和结构有准确的理解。Renkl 和 Atkinson(2002)也指出，图像和自我解释提示的结合对于提高学习有很大潜力，因为学习者可以通过图像化的概念以及自我解释来投入到积极学习中，从而在内部表征和外部表征之间建立起桥梁。除了 Hegarty, Kriz 和 Cate (2003)共同进行的一个以实验为基础的研究以外，过去的研究大多没有直接在自我解释提示的情境中对比静态和动态图像。Hegarty, Kriz 和 Cate (2003)在研究中对比展示了力学体系如何工作的静态图表和动态图像的不同效果。他们使用预测问题来激活学习者的已有知识。他们发现，静态图表和动态图像对学习的效果无显著差异，但是学习者若进行预测就会增强他们对学习内容的理解。然而，在呈现动态图像或者静态图像的情况下，让学习者进行自我解释有关人心脏血液系统的知识是否能起到积极作用仍不清楚。因此，研究人员在本研究中探寻了使用动态或静态图像来呈现人心脏血液循环系统的知识，并且让学习者进行自我解释提示，这样的教学设计对学习的效果会怎样。

研 究 1

概述

研究 1 是为了验证，在呈现静态或动态图像的多媒体学习环境中，自我解释提示能否促进学习者对人心血管系统知识的学习。

具体来说，研究 1 提出四个研究问题：

1. 动态假设，静态假设或是等价假设哪个成立？
2. 自我解释提示是多媒体环境中促进学习的有效技术吗？
3. 自我解释提示在不同类型的图像上的效果有区别吗(交互效应)？

4. 不同类型的图像和自我解释提示对自我解释有数量和质量上的影响吗？

研究 1 中控制的两个自变量为：图像类型（动态或静态）和自我解释提示（有或没有），将学习成绩和认知负荷作为因变量。学习时间和自我解释时间作为路径变量（en-route variables）。此外，研究收集了学习者键入的自我解释。

方法

研究参与者和设计

70 名大学生研究参与者（42 名女性）参加了研究 1。他们来自某师范学院修读计算机基础课程的学生。研究参与者均年满 18 岁，平均年龄 22.87，标准差 11.50，研究参与者参与研究将获得学分。

研究 1 运用前后测，2（动态 vs. 静态图像）×2（自我解释提示 vs. 无自我解释提示）的组间设计。研究参与者被随机分配到以下四种研究条件中：（1）动态图像/提示；（2）动态图像/无提示；（3）静态图像/提示；（4）静态图像/无提示。

测量工具

前测包括 20 个选择题，旨在测试研究参与者在人类心脏方面的已有知识。前测的所有题目都是由计算机程序自动呈现，答错得 0 分，答对得 1 分。因此前测满分是 20 分。后测同样包含旨在评估研究参与者对教学内容理解的 20 个选择题。这些题与前测题有相同的样式和计分规则，但与前测题目不同。前测和后测的相关系数是.56（p = .003）。前测的内部一致性系数是.86，后测是.80。前测问题范例："你心脏肌肉与腿部、手部肌肉的区别是什么？"后测问题范例："为什么肺部会出现扩散到血液的现象？"

研究人员用五个主观题（任务需求，努力，导航需求，成功感和压力）测量学习者感知到的认知负荷。题目是从 NASA - TLX 改编而来（Hart & Staveland，1988），并且在之前的研究中也被描述和使用过（Gerjets，Scheiter & Catrambone，2004, 2006；Scheiter，Gerjets & Catrambone，2006）。每个问题均用 8 点利克特量表评定。问题一中，"1"代表简单，"8"代表高要求；问题二，"1"代表不难，"8"代表非常难；问题三，"1"代表努力程度低，"8"代表努力程度高；问题四，"1"代表非常不成功，"8"代表非常成功；问题五，"1"代表无压力，"8"代表非常有压力。

基于计算机的多媒体环境

运用 Microsoft Visual Basic Express 2008 创建学习环境，再嵌入由 Adobe Flash 8 生成的二维图像。该基于计算机的课程旨在教授有关人心血管系统的知识。该教学内容被许多旨在解决多媒体学习相关问题的研究使用过（例如，de Koning et al.，2010a，2010b；Dunsworth & Atkinson，2007）。具体来说，这一课程依次涵盖下列五个主题：结构和心脏功能、结构和血液功能、结构和血管功能、血管的循环通路和在人体内的物质交换。在所有的四个研究条件下，教学内容通过 24 个分段图像（动画或静态）来呈现，同时伴随有女性声音叙述内容。这些图像都不包括标签。研究参与者可以通过软件界面的一个控制按钮回到前一界面或进入到下一界面，通过该按钮还能控制图像和音频的回放。不同研究条件呈现给研究参与者的图像类型不一样。在两个动态图像的研究条件中，研究参与者观看 24 个人类心血管系统的动画片段。如果研究参与者没有停止或重放的话，每个动画片段持续时间大概为一分钟。在两个静态图像的研究条件中，研究参与者观看了 24 个源于动态图像条件中相应的关键帧的静态图片片段。为了确保四个条件尽可能相同，静态图像条件中的声音讲解内容和动态图像条件中的声音讲解内容是完全相同的。

在两个提示条件下，每个学习主题之后，学习环境会呈现开放问题来提示研究参与者自我解释学到的内容。鉴于一共有五个学习主题，学习环境呈现五个开放式问题。这五个问题都和学习内容有关，它们是：

- 你能解释心脏是如何工作的吗？
- 你能用你自己的话解释血液的功能吗？你能解释血管是如何工作的吗？
- 你能用自己的话解释肺循环和体循环吗？
- 你能用自己的话解释物质交换吗？

当一个提示问题出现时，问题右边会出现一个文本框，让研究参与者从键盘键入他们的解释。为了确保无提示条件和有提示条件尽可能相同，在两个无提示的条件中，学习环境也为研究参与者提供了文本框供他们键入文字。这样，打字这个变量就被实验控制了（Berthold et al.，2009；Berthold & Renkl，2009）。整个研究过程没有时间限制，但是，每个学习者的学习时间和自我解释时间都被学习软件记录了下来。

自我解释的数据编码

研究人员运用 de Koning et al.（2010a，2010b）开发的框架对研究参与者所键入的文字形式的自我解释进行编码。两个评分者独立编码一半的研究参与者所键入的自我解释。评分者信度是 .90。因此，其中的一个评分者编码了剩余的研究参与者所键入的自我解释。

- *释义：*释义这一类别的陈述有以下特点：研究参与者很少用自己的语言描述或

增加解释性的信息。例如："心脏由四个心室组成。两个上心室，两个下心室"。

● *目标驱动的解释*：目标驱动的解释类别的陈述有以下特点：研究参与者推断一个目标或特定行为的功能或人类心血管系统的结构。例如："物质交换可能出现在毛细血管因为它是半渗透性的，也就是说小分子能够通过"。

● *精细解释*：精细解释类别的陈述有以下特点：研究参与者的措辞很精细，例如："瓣膜像门一样开开关关"。

● *错误的自我解释*：错误的自我解释类别的陈述中，研究参与者键入了一个错误的解释。例如："心脏破裂成四个心室；每个心室都是心室和心房将血液泵到身体……"

研究流程

研究 1 是实验室情境中的研究。研究一开始，每个研究参与者签署同意书并坐在单独的隔间里面对电脑，主试向其简要说明研究过程。但是研究参与者并不知道不同的研究条件及研究中包含的调查问题。接下来，研究参与者开始在计算机上进行前测，没有时间限制。完成前测后，每个研究参与者会被随机分配到一个研究 ID 号码来用于学习后面基于计算机呈现的学习材料。用研究 ID 号码的意图是保证研究参与者的匿名。一旦研究参与者完成了学习，他就进行后测和完成自我报告的测试。以上这些任务都没有时间限制。完成问卷和后测之后，研究人员对研究参与者表示感谢。整个研究大概花费 40 分钟来完成。

结果

学习结果的原始分转换为百分比形式的正确率（percentage correct scores）。第一类错误率设为 .05 水平。f 值用来表示效应量的大小。相应地 .10，.25，和 .40 被看作小、中、大的效应值（Cohen，1988）。

学习时间和自我解释时间

双因素方差分析用来评估不同类型图像（动态 vs. 静态）与提示（有提示 vs. 无提示）间对学习时间的效应。图像类型的主效应不显著，$F(1,66) < 1.00, MSE = 9.37, p = .82, f = .03$。提示的主效应带有中等效应的显著，$F(1,66) = 3.56, p = .06, f = .23$，表明有提示的学习者（$Mean = 11.25\,min, SD = .52\,min$）比那些没有提示的学习者（$Mean = 9.87\,min, SD = .52\,min$）花更多的时间学习。交互效应不显著，$F(1,66) < 1.00, p = .52, f = .08$。

双因素方差分析也用来评估不同类型的图像（动态 vs. 静态）与提示（有提示 vs.

无提示)对自我解释时间的效应。图像类型的主效应不显著，$BF(1,66) < 1.00, MSE = 13.54, p = .58, f = .07$，然而提示的主效应显著，$F(1,66) = 81.90, p < .001, f = 1.11$(大效应)。有提示的研究参与者($Mean = 8.43 \, min, SD = .62 \, min$)比那些没有提示的学习者($Mean = .46 \, min, SD = .62 \, min$)花明显多的时间键入他们自己对题目的理解，$F(1,66) < 1.00, p = .55, f = .08$。

学习成绩

单因素方差分析用来评估研究参与者的已有知识是否有实质上的不同。结果显示，四种研究条件下的研究参与者并没有显著的差别，$F < 1.00, p > .73$。

双因素协方差分析用来评估不同类型的图像(动态 vs. 静态)与提示(有提示 vs. 无提示)对后测分数的影响。学习时间和前测分数是协变量。两个协变量的相关性很小且不显著($r = -.07, p = .56$)。同质坡度假设(homogeneity-of-slope assumption)没有违背：学习时间与提示的交互作用，$F(1,63) = 2.01, MSE = .03, p = .16, f = .18$；所有其他协方差的自变量间的相互作用也不显著，所有 $F < 1.00$ 以及所有 $p > .51$。协方差结果显示，图像类型的主效应不显著，$F(1,64) < 1.00, p = .36, f = .11$，结果支持等价假设。另一方面，在通过统计方法控制了学习时间和前测分数的效应后，被提示进行自我解释的学习者($adjusted \, Mean = .77, standard \, error = .03$)的后测成绩显著地好于没被提示的学习者($adjusted \, Mean = .65, standard \, error = .03$)，$F(1,64) = 5.17, p = .03$。这表明自我解释提示在学习成绩上有积极影响。该效应的效应量为中到大($f = .28$)。图像类型和提示的交互效应不显著，$F(1,64) < 1.00, p = .36, f = .11$。

认知负荷

多变量协方差分析(MANCOVA)用来评估图像类型(动态 vs. 静态)与提示(有提示 vs. 无提示)对五项认知负荷测试的影响，即对任务需求、努力、导航需求、成功感和压力上的影响。学习时间和前测分数是协变量。五项认知负荷测试在图像类型的主效应上没有显著差异，$Wilks' \lambda = .94, F(5,60) = 1.13, p = .35, f = .31$，提示的主效应也不显著，$Wilks' \lambda = .87, F(5,60) = 1.68, p = .15, f = .37$，交互效应也不显著，$Wilks' \lambda = .94, F(5,60) = .71, p = .62, f = .24$。

自我解释

研究人员得到了 30 名研究参与者键入的自我解释数据，并对自我解释的数量(字数)和质量都进行了检验。单因素方差分析被用来评估图像类型对键入单词个数的影响。统计结果并不显著，$F < 1.00, p > .39$，说明研究参与者在动态图像/提示的条件和静态图像/提示的条件中得出了等量的自我解释。

　　单因素协方差分析用来评估图像类别对自我解释的四个种类的效应（释义，目标驱动的解释，精细解释，错误的自我解释），用单词个数作为协变量。结果不显著，$Wilks'\ \lambda = .94, F < 1.00, p > .85$。

结论和讨论

　　研究 1 结果显示，学习者在有提示的条件下比他们在无提示条件下的同伴花更长的时间（学习时间和自我解释时间）。因此，在评估提示对学习的效应时，研究人员系统地控制了学习时间的影响。结果发现，在控制学习者已有知识和学习时间的情况下，多媒体环境中的自我解释提示对学习有积极的效应。这个积极效应与在智能教学系统中（Aleven & Koedinger, 2002）、基于样例的学习环境中（Atkinson et al., 2003；Berthold & Renkl, 2009）以及基于交互学习代理人的学习环境中（Mayer et al., 2003），揭示的自我解释提示效应相一致。关于三个对立的假设（动态假设，静态假设和等价假设），研究结果表明动态和静态图像对认知负荷、学习、自我解释的效应是等价的，从而支持了等价假设。因此，研究人员可以得出结论，图像的设计，不论是动态还是静态，在多媒体环境中都是表面特征，对学习和认知的影响有限。然而，自我解释提示这一认知策略被作为学习辅助手段引入后，就很有可能促进有效的学习。一种可能的解释是，接受提示的学习者能成功地激活他们的已有知识，将外在图像的信息和他们已存在的心理模型结合，最终构建出新的、合乎逻辑的心理模型（Roy & Chi, 2005）。也就是说，自我解释提示能作为外部图像和内部心理模型的桥梁。然而，研究人员只能收集到两个无提示条件下的研究参与者的自我解释数据（静态图像/无提示条件中一名，动态图像/无提示条件中一名）。因此，不能排除一种可能性——尽管学习者看到了提示，并将自我解释打进文本框内，但他们在无提示条件下没有利用文本框。如果是这样的话，研究参与者在提示条件和无提示条件下是进行了不等同的活动。因此，研究人员进一步进行了研究 2 来弥补这一缺陷。

研　究　2

概述

　　为了弥补研究 1 的缺陷，研究人员依据 Berthold, Eysink & Renkl（2009）以及

Berthold 和 Renkl（2009）的研究重新设计了无提示条件，在文本框附近添加一句话"请在右侧文本框中做记录"。通过这种设计，学习者在无提示的情况下，能了解到文本框的作用并能在学习过程中利用起来，这样一来，无提示条件和有提示条件就等价了。在研究 2 中，运用了与研究 1 相同的题目。相应地，研究 2 中的自变量，因变量，路径变量和研究 1 完全相同。和研究 1 一样，研究 2 也收集研究参与者键入的自我解释。

方法

研究参与者和设计

从某大学选取 44 名研究参与者（25 名女性，19 名男性）。和研究 1 一样，他们也修读了计算机基础课程。研究参与者均年满 18 岁，平均年龄 21.59 岁（标准差 3.90），研究参与者的年龄与研究 1 中的研究参与者的年龄没有显著差异（$p > .05$）。研究参与者参与研究将获得学分，与研究 1 给予的奖励相同。研究 2 与研究 1 相同，使用前后测，2（动态图像 vs. 静态图像）×2（自我解释提示 vs. 无自我解释提示）的组间设计，研究参与者被随机分配到以下四种实验条件中（每个条件 11 人）：（a）动态图像/提示；（b）动态图像/无提示；（c）静态图像/提示；（d）静态图像/无提示。

测量工具

研究 2 中的题目和工具与研究 1 相同。

基于计算机的多媒体环境

研究 2 中的多媒体环境和研究 1 几乎相同，只有一处例外：无提示的研究条件里，在义本框旁边加入一句"请在右侧文本框中做记录"。

自我解释的编码

研究参与者键入的自我解释数据的编码框架和研究 1 中的一致。两个评分者独立编码了一半的研究参与者所键入的自我解释数据。评分者信度是.95。因此，剩余的一个评分者编码了剩余的研究参与者所键入的自我解释。

研究流程

研究 2 遵循了和研究 1 一样的步骤和流程。

结果

学习结果的原始分转换为正确率（percentage correct scores）。第一类错误率设为.05水平。f值或d用来表示效应量的大小。

学习时间和自我解释时间

双因素方差分析用来评估不同类型的图像（动态 vs. 静态）与提示（有提示 vs. 无提示）对学习时间的效应。图像类型的主效应不显著，$F(1,40) = 3.63, MSE = 5.87, p = .06, f = .30$（中等效应）。提示的主效应有中到大程度效应的显著，$F(1,40) = 5.81, p = .02, f = .38$，表明有提示的学习者（$Mean = 12.00\,min, SD = 2.79\,min$）比那些没有提示的学习者（$Mean = 10.24\,min, SD = 2.43\,min$）花更多的时间学习。图像类型和提示的交互效应显著，$F(1,40) = 5.39, p = .03, f = .37$（中到大程度效果）。为了阐明显著的交互效应，需进行简单的主效应分析。为了控制I类错误，需进行事后检验，每对比较的 α 水平都设为.013(.05/4)。结果显示，动态图像/有提示的条件下的研究参与者的（$Mean = 13.54\,min, SD = 2.89\,min$）学习用了更长的时间，学习时间多于他们以下这些同伴：（a）动态图像/无提示条件（$Mean = 10.08\,min, SD = 1.43\,min$），$p = .002, Cohen's\ d = 1.52$；（b）静态图像/有提示条件（$Mean = 10.45\,min, SD = 1.68\,min$），$p = .005, Cohen's\ d = 1.31$，剩余的简单主效应分析的结果都不显著，$ps > .72$。

双因素方差分析也用来评估不同类型的图像（动态 vs. 静态）与提示（有提示 vs. 无提示）对自我解释时间的效应。提示的主效应显著，$F(1,40) = 14.34, MSE = 14.57, p = .001, f = .60$（大效应）。有提示的研究参与者（$Mean = 8.71\,min, SD = 3.81\,min$）比那些没有提示的学习者（$Mean = 4.35\,min, SD = 3.71\,min$）花明显多的时间键入他们自己对题目的理解。图像类型的主效应和交互效应不显著，所有 $F < 1.00$，所有 $p > .38$。

学习成绩

单因素方差分析用来评估研究参与者的已有知识是否有显著的不同。结果显示，四种研究条件下的研究参与者并没有显著的差别，$F < 1.00, p > .74$。

双因素协方差分析用来评估不同类型的图像（动态 vs. 静态）与提示（有提示 vs. 无提示）对后测分数的影响。学习时间和前测分数是协变量，用来控制学习时间和已有知识的潜在影响。两个协变量的相关性很小且不显著（$r = -.11, p = .47$）。同质斜率假设（homogeneity-of-slope assumption）没有违背，所有 $F < 1.00$ 以及所有 $p > .83$。协方差结果显示，图像类型的主效应不显著，$F < 1.00, MSE = 5.52, p = .94$。然而，提示的主效应显著 $F(1,38) = 12.21, p = .001, f = .57$（大效应）。另外，图像类型和提

示的交互效应显著，$F(1,38) = 9.43, p = .004, f = .50$（大效应）。为了阐明显著的交互效应，在控制了前测百分数和学习时间的情况下，研究人员进行了简单的主效应分析。为了阐明显著的交互效应，需进行简单的主效应分析。结果显示，控制前测百分数和学习时间，动态图像/有提示条件的后测分数显著高于动态图像/无提示条件，$p < .001$, $Cohen's\ d = .93$。剩余的比较都不显著，所有 $p > .10$。

认知负荷

多变量协方差分析（MANCOVA）用来评估图像类型（动态 vs. 静态）与提示（有提示 vs. 无提示）对五个认知负荷测试题的效应，即对任务需求，努力，导航需求，成功感和压力的影响。学习时间和前测分数是协变量。五个认知负荷测试题在图像类型的主效应上没有显著差异，$Wilks'\ \lambda = .80, F(5,34) = 1.71, p = .16, f = .50$，提示的主效应也不显著，$Wilks'\ \lambda = .91, F(5,34) = .67, p = .65, f = .31$。也没有显著的交互效应，$Wilks'\ \lambda = .78, F(5,34) = 1.90, p = .12, f = .53$。

自我解释

研究人员得到了 42 个研究参与者键入的自我解释数据，对自我解释的数量（字数）和质量都进行了检验。

双因素方差分析用来评估图像类型和提示对词语数量上的影响。结果显示，提示效应显著，$F(1,38) = 6.62, MSE = 8295.53, p = .01, f = .42$（大效应），说明有提示的研究参与者（$Mean = 177.52, SD = 99.35$）键入的字数显著地多于他们无提示的同伴（$Mean = 103.52, SD = 81.87$）。图像类型和交互效应都不显著，图像类型主效应 $F < 1.00, p > .46$，交互效应，$F(1,38) = 1.40, p = .24, f = .19$。

双因素多变量协方差分析（MANCOVA）用来评估图像类型和提示对四种自我解释（释义，目标驱动的解释，精细解释，错误的自我解释）的效应，文字个数作为协变量。结果显示，无论图像类型的主效应还是提示的主效应都显著：图像类型主效应，$Wilks'\ \lambda = .92, F < 1.00, p > .50$；提示的主效应，$Wilks'\ \lambda = .94, F < 1.00, p > .68$。交互效应显著，$Wilks'\ \lambda = .66, F(4,34) = 4.35, p = .006, f = .71$。四个分别的方差分析用作判别分析，文字个数作为协变量。结果显示，图像类型和目标驱动解释的提示间有显著的交互作用，$F(1,37) = 16.26, MSE = 101.72, p < .001, f = .66$（大效应）。简单主效应分析用来阐明显著的交互作用。为了控制 I 类错误，需进行事后检验，每对比较的 α 水平都设为 .013（.05/4）。结果显示，学习者在动态图像／提示的条件下比动态图像／无提示条件下产生了更多的目标驱动自我解释，$p = .004, Cohen's\ d = 1.15$。但

这种提示效应在学习者处于静态图像条件时消失了，$p > .12$。另一方面，动态图像／有提示条件下的学习者比静态／有提示的学习者键入了更多的目标驱动自我解释，$p < .001$，$Cohen's\ d = .63$。但这一积极的动态效应，在没有提示出现时就消失了，$p > .10$。其他的协方差分析都不显著，所有的 $p > .10$。

结论

为了排除"自我解释提示的积极效应可能是由于提示条件和无提示条件不等同"这一可能性，研究人员在研究 2 中重新设计了无提示条件。研究 2 的结果部分地重复了研究 1 中发现的自我解释效应：(a)有提示条件下的学习者较无提示的学习者学习时间更长；(b)控制了学习时间和已有知识的影响后，有自我解释提示比无提示更能促进学习成绩的提高；(c)关于三个不同的图像学习的假设，研究 2 的结果支持了等价假设（即，动态和静态的图像在学习成绩和认知负荷上是等价的）。研究 1 得到的结果也合理地被研究 2 所发现的结果支持。另外，研究 2 发现了一些研究 1 中没有发现的有趣结果。关于自我解释，研究 2 的结果显示，有提示的学习者键入了更多的文字，用更多的时间来打字。研究 2 也揭示了不同图像类型和目标驱动的自我解释提示间有强烈的交互作用，而目标驱动自我解释体现了高质量的自我解释（Roy & Chi，2005）。具体来说，通过动态图像和自我解释提示学习的学习者比他们在研究中的同伴有质量更好的自我解释（更多的目标驱动自我解释）和更好的学习成绩。但这一效应需要动画和自我解释提示的结合。这些结果为如下结论提供了实证证据：在学习诸如人类心血管系统的知识时，动态图像这类表面特征的积极作用可能需要通过自我解释提示才能体现。自我解释提示可作为外部动画和内部心理模型间的桥梁，增强二者间的连贯性。总的说来，研究 2 中的新发现说明，在图像和自我解释提示优化学习和认知的特定情况下，可运用图像促进自我解释。

结 论 和 讨 论

从认知负荷的角度来看，研究人员阐述了关于动画相对于静态图像有效性的三个对立的假设：(a)动态图像可以比静态图像释放更多的认知资源用于处理其他信息（动态假设）；(b)静态图像可以通过关键帧来减少无关信息以及通过有效推理来提升相关加工过程（静态假设）；(c)动态和静态图像在影响学习和认知负荷方面是等效的，因为它们都属于表面特征，对心理模型建设的影响有限。现有文献中报告的研究结果和结论存在矛盾，因此需要更多的研究，特别是在动画的内容和结构匹配学习者内在表征(Tversky et al.，2002)的条件下。因此，研究人员做了两个研究来探索这三个假设中哪个会起作用。

哪个假设是成立的呢？

研究结果表明，假设(c)是正确的，即两者相当。基于以上这些结论，研究人员可以得出结论，在学习人心血管系统这类特定知识的情况下，使用动态图像或是静态图像对认知负荷和自我解释的效应是相当的。先前大量的研究也表明了相似的观点(Boucheix & Schneider，2009；Kim et al.，2007；Mayer et al.，2007；Münzer et al.，2009)。然而，研究人员应该慎重地解释这些结果，因为研究2中也发现了交互作用。此外，考虑到有大量的研究都涉及动态图像和静态图像之间的比较，探讨两者在特定条件下的有效性也许就更有意义了(Hegarty，2004)，例如提供自我解释提示。

在多媒体环境中，自我解释是否是个有效促进学习的方式？

在研究1和2中，研究人员发现，自我解释提示在多媒体环境中可以促进学习。这个结论和以前的大量研究是一致的(例如，Aleven & Koedinger，2002；Atkinson et al.，2003；Berthold et al.，2009；Berthold & Renkl，2009；Mayer et al.，2003)。研究1的一个局限在于，研究人员无法排除在无提示条件下学习者不使用提供的文本框这一可能性。因此，研究人员在研究2中重新设计了无提示条件，并发现自我解释提示对学习效果存在影响，这也验证了研究1的结论。因此，本研究为理论研究提供了更多的实证证据：自我解释提示是具有领域普遍性的学习活动，在不同的领域、多种学习环境中都促进学习，例如概率理论，几何，机械系统以及本研究中的心脏血液循环系统，例如基于样例的学习环境、智能辅导系统以及多媒体学习环境。

自我解释提示的效应会因图像类型的不同而不同？

除了自我解释的主效应以外，在研究2中，研究人员发现，在学习结果，学习时间和目标驱使自我解释方面促进自我解释这些因变量上，自我解释题和图像类型(动态与静态图像)之间都有交互作用，尤其是动态图像/提示条件显示除了其独特的优越性。对于动画有效性的一种可能的解释是，自我解释提示通过诱导认知过程来帮助学习，使得学习者成功地在外部动态图像和内部心理模型之间建立关系，进而构建新的心理模型。这是Tversky提出的成功使用动画的条件之一，本研究的结果也提供了支持这一结论的依据。但是，研究1中并没有发现这一结果。在研究1中，学生的平均自我解释时间短于研究 2。这可能是由于在自我解释方面的个体差异（Roy & Chi，2005）。"高效自我解释者"可能比"低效自我解释者"在自我解释方面更加熟练，但也花费更多的时间（Chi，de Leeuw，Chiu & LaVancher，1994）。因此，未来的研究可以考虑向研究参与者提供自我解释培训，以减少或消除自我解释能力方面的个体差异。从动机的角度考虑，也可以对研究结果提出另一种可能的解释。两项研究中，参与者的外在动机可能一样，因为研究人员提供了相同的外部激励方式。但他们的内在动机水平可能是不同的。然而，由于研究人员没有测量参与者的内在动机，因此不知道它是否在所观察到的差异中起到了作用。未来的研究应通过包括动机相关的测试来解决这一局限性。总的教育启示是，自我解释提示是一个潜在的教学辅助手段，教学设计人员可以考虑在设计学习环境时运用。自我解释提示和教学动画相结合，可能是动画有效性最优的条件之一。

不同类型的图像和自我解释提示是否对自我解释的质与量有影响？

研究 2 发现，当用动态图像呈现教学内容时，提示会显著影响自我解释的质量（目标驱动的自我解释）和数量（词的数量）。这些结果表明，是图像和认知策略（如自我解释提示）的结合促进了学习者从外部信息构造心理模型的过程，而不是某一特定类型的图像。然而，目前还不清楚为什么提示仅仅显著影响了目标驱动的自我解释，而不是自我解释的素有类别。另外，正如上文所述，目前的研究无法控制自我解释能力的个体差异。这些是这两个研究的局限性。除了提供自我解释培训外，研究人员将来还可以考虑使用眼动追踪技术，以揭示"在线"认知过程（Mayer，2010）。研究 2 的结果表明，目标驱动的自我解释的显著交互模式与学习结果交互模式是一致的。这可能表明，自我解释活动可以诱导学习者进行心理模型建设，从而提高学习成绩（Roy & Chi，2005）。

基于这两个研究，对教学设计人员、开发人员和教育从业人士的建议有：不同类型的图像对学习的效果可能差不多，但认知策略在学习和教学的过程中发挥了重要作用。尽管技术以惊人的速度在发展，教学设计人员还是应专注于学习者的认知方面，并利用基于数字技术的图像和认知策略（如自我解释提示）来设计和开发有效的学习环境。

参考文献

Aleven, V. A., & Koedinger, K. R. (2002). An effective metacognitive strategy: Learning by doing and explaining with a computer-based cognitive tutor. *Cognitive Science*, *26*, 147 - 179.

Atkinson, R. K. , Renkl, A. , & Merrill, M. M. (2003). Transitioning from studying examples to solving problems: Effects of self-explanation prompts and fading worked-out steps. *Journal of Educational Psychology*, *95*(4),774 - 783.

Arguel, A. , & Jamet, E. (2009). Using video and static pictures to improve learning of procedural contents. *Computers in Human Behavior*, *25*(2),354 - 359.

Ayres, P. , Marcus, N. , Chan, C. , & Qian, N. (2009). Learning hand manipulative tasks: When instructional animations are superior to equivalent static representations. *Computers in Human Behavior*, *25*(2),348 - 353.

Berthold, K. , Eysink, T. , & Renkl, A. (2009). Assisting self-explanation prompts are more effective than open prompts when learning with multiple representations. *Instructional Science*, *37*(4),345 - 363.

Berthold, K. , & Renkl, A. (2009). Instructional aids to support a conceptual understanding of multiple representations. *Journal of Educational Psychology*, *101*(1),70 - 87.

Boucheix, J. , & Schneider, E. (2009). Static and animated presentations in learning dynamic mechanical systems. *Learning and Instruction*, *19*(2),112 - 127.

Catrambone, R. , & Seay, A. F. (2002). Using animation to help students learn computer algorithms. *Human Factors*, *44*(3),495 - 511.

Chi, M. T. H. (2000). Self-explaining expository texts: The dual processes of generating inference and repairing mental models. In R. Glaser (Ed.), (pp. 161 - 238). Mahwah, NJ, US: Lawrence Erlbaum Associates Publishers.

Chi, M. T. H. , de Leeuw, N. , Chiu, M. , & LaVancher, C. (1994). Eliciting self-explanations improves understanding. *Cognitive Science*, *18*(3),439 - 477.

Cohen, J. (1988). *Statistical power analysis for the behavioral sciences* (2nd ed.). Hillsdale, N. J. : L. Erlbaum Associates.

de Koning, B. B. , Tabbers, H. K. , Rikers, R. M. J. P. , & Paas, F. (2010a). Improved effectiveness of cueing by self-explanations when learning from a complex animation. *Applied Cognitive Psychology*, *25*,183 - 194.

de Koning, B. B. , Tabbers, H. K. , Rikers, R. M. J. P. , & Paas, F. (2010b). Learning by generating vs. receiving instructional explanations: Two approaches to enhance attention cueing in animations. *Computers & Education*, *55*(2),681 - 691.

Dunsworth, Q. , & Atkinson, R. K. (2007). Fostering multimedia learning of science: Exploring the role of an animated agent's image. *Computers & Education*, *49*(3),677 - 690.

Gerjets, P. , Scheiter, K. , & Catrambone, R. (2004). Designing instructional examples to reduce intrinsic cognitive load: Molar versus modular presentation of solution procedures. *Instructional Science*, *32*(1 - 2),33 - 58.

Gerjets, P. , Scheiter, K. , & Catrambone, R. (2006). Can learning from molar and modular worked examples be enhanced by providing instructional explanations and prompting self-explanations? *Learning and Instruction*, *16*(2),104 - 121.

Große, C. S. , & Renkl, A. (2007). Finding and fixing errors in worked examples: Can this foster learning outcomes? *Learning and Instruction*, *17*(6),612 – 634.

Hart, S. G. , & Staveland, L. E. (1988). Development of NASA-TLX (task load index): Results of experimental and theoretical research. In P. A. Hancock & N. Meshkati (Eds.), *Human mental workload* (pp. 139 – 183). Amsterdam: North-Holland.

Hegarty, M. (1992). Mental animation: Inferring motion from static displays of mechanical systems. *Journal of Experimental Psychology: Learning, Memory, and Cognition*, *18* (5),1084 – 1102.

Hegarty, M. (2004). Dynamic visualizations and learning: Getting to the difficult questions. *Learning and Instruction*, *14*(3),343 – 351.

Hegarty, M. , Kriz, S. , & Cate, C. (2003). The roles of mental animations and external animations in understanding mechanical systems. *Cognition and Instruction*, *21* (4), 325 – 360.

Kim, S. , Yoon, M. , Whang, S. M, Tversky, B. , & Morrison, J. B. (2007). The effect of animation on comprehension and interest. *Journal of Computer Assisted Learning*, *23*(3), 260 – 270.

Kozma, R. B. (1994). Will media influence learning? Reframing the debate. *Educational Technology Research and Development*, *42*,7 – 19.

Lai, S. (2000). Increasing associative learning of abstract concepts through audiovisual redundancy. *Journal of Educational Computing Research*, *23*(3),275 – 289.

Large, A. , Beheshti, J. , Breuleux, A. , & Renaud, A. (1996). Effect of animation in enhancing descriptive and procedural texts in a multimedia learning environment. *Journal of the American Society for Information Science*, *47*(6),437 – 448.

Lin, L. , & Atkinson, R. K. (2011). Using animations and visual cueing to support learning of scientific concepts and processes. *Computers & Education*, *56*(3),650 – 658.

Mayer, R. E. (2010). Unique contributions of eye-tracking research to the study of leaning with graphics. *Learning and Instruction*, *20*,167 – 171.

Mayer, R. E. , Deleeuw, K. E. , & Ayres, P. (2007). Creating retroactive and proactive interference in multimedia learning. *Applied Cognitive Psychology*, *21*(6),795 – 809.

Mayer, R. E. , Dow, G. T. , & Mayer, S. (2003). Multimedia learning in an interactive self-explaining environment: What works in the design of agent-based microworlds? *Journal of Educational Psychology*, *95*(4),806 – 812.

Mayer, R. E. , Hegarty, M. , Mayer, S. , & Campbell, J. (2005). When static media promote active learning: Annotated illustrations versus narrated animations in multimedia instruction. *Journal of Experimental Psychology: Applied*, *11*(4),256 – 265.

Michas, I. C. , & Berry, D. C. (2000). Learning a procedural task: Effectiveness of multimedia presentations. *Applied Cognitive Psychology*, *14*(6),555 – 575.

Moreno, R. , & Mayer, R. E. (2007). Interactive multimodal learning environments. *Educational Psychology Review*, *19*,309 – 326.

Münzer, S. , Seufert, T. , & Brünken, R. (2009). Learning from multimedia presentations:

Facilitation function of animations and spatial abilities. *Learning and Individual Differences*, 19(4),481 – 485.

Paas, F. , Renkl, A. , & Sweller, J. (2003). Cognitive load theory and instructional design: Recent developments. *Educational Psychologist*, 38(1),1 – 4.

Park, O. C. & Gittelman, S. S. (1992). Selective use of animation and feedback in computer-based instruction. *Educational Technology, Research, and Development*, 40,27 – 38.

Renkl, A. & Atkinson, R. K. (2002). Learning from examples: Fostering self-explanations in computer-based learning environments. *Interactive Learning Environments*, 10,105 – 119.

Rieber, L. P. (1990). Using computer animated graphics with science instruction with children. *Journal of Educational Psychology*, 82(1),135 – 140.

Roy, M. , & Chi, M. T. H. (2005). The self-explanation principle in multimedia learning. In R. E. Mayer (Ed.), (pp. 271 – 286). New York, NY, US: Cambridge University Press.

Ryan, R. M. (1982). Control and information in the intrapersonal sphere: An extension of cognitive evaluation theory. *Journal of Personality and Social Psychology*, 43,450 – 461.

Scheiter, K. , Gerjets, P. , & Catrambone, R. (2006). Making the abstract concrete: Visualizing mathematical solution procedures. *Computers in Human Behavior*, 22(1),9 – 25.

Schnotz, W. , & Kurschner, C. (2007). A reconsideration of cognitive load theory. *Educational Psychology Review*, 19(4),469 – 508.

Sweller, J. , van Merrienboer, J. J. G. , & Paas, F. (1998). Cognitive architecture and instructional design. *Educational Psychology Review*, 10(3),251 – 296.

Thompson, S. V. & Riding, R. J. (1990). The effect of animated diagrams on the understanding of a mathematical demonstration in 11 – to 14 – year-old pupils. *British Journal of Educational Psychology*, 60,93 – 98.

Tversky, B. , Morrison, J. B. , & Betrancourt, M. (2002). Animation: Can it facilitate? *International Journal of Human-Computer Studies*, 57(4),247 – 262.

Wong, A. , Marcus, N. , Ayres, P. , Smith, L. , Cooper, G. A. , Paas, F. , et al. (2009). Instructional animations can be superior to statics when learning human motor skills. *Computers in Human Behavior*, 25(2),339 – 347.

Wong, R. M. F. , Lawson, M. J. , & Keeves, J. (2002). The effects of self-explanation training on students' problem solving in high-school mathematics. *Learning and Instruction*, 12(2),233 – 262.

Yang, E. , Andre, T. , & Greenbowe, T. J. (2003). Spatial ability and the impact of visualization/animation on learning electrochemistry. *International Journal of Science Education*, 25(3),329.

第十三章　研究案例五：样例学习

引　言

样例效应和认知负荷理论

在传统的数学教学中，学生被要求做大量的题目进行练习，以此来达到获得问题解决技能的目的（Atkinson，Derry，Renkl & Wortham，2000；Chase & Simon，1973；Sweller & Copper，1985）。这些传统的问题本质上是转换型的，即包含一个初始问题状态、一个目标状态以及一系列达到目标的步骤（即算子）。这类通过解决问题来学习的方式可能会使新手学习者不得不使用手段目的分析的方法来解决问题（Paas，1992；Sweller，1988）。有些学习者可能无法识别出问题潜在的结构，因此需要通过寻找算子来弥合不同的问题状态。与之形成对比的是，专家学习者已经具有了一定的图式，因此可以识别出问题的潜在结构，并且可以区分出指向目标的正确步骤。总而言之，通过问题解决来学习的方式对新手学习者而言是低效的，会妨碍他们建构图式（Jonassen，1997）。

早期研究已经显示，对于新手学习者而言，通过样例的学习方式要比通过解决问题的学习方式更有效，并且已有研究主要聚焦在结构良好的领域，例如数学、物理等。这些领域中的问题通常包含了解决问题所需流程的具体的步骤或者原理。根据定义，样例包含一个问题陈述，紧跟在后面的是问题解决方案的一系列步骤，然后是最终的结果（Renkl & Atkinson，2003；Renkl，Atkinson，Maier & Staley，2002）。认知负荷理论为研究样例学习的有效性提供了理论框架。它将工作记忆负荷分成三个子成分：内在认知负荷（intrinsic cognitive load）、外在认知负荷（extraneous cognitive load）以及关联认知负荷(germane cognitive load)。内在认知负荷是在学习者知识水平一定的情况下，由学习材料或者学习任务本身的难度决定的；外在认知负荷是指和学习无关的认知资源，是由于不恰当的教学设计造成的；关联认知负荷是指用于学习的那些认知资源。新手学习者在学习结构良好领域中的样例的时候，很可能不需要使用手段目的的分析方法来寻找解决问题的步骤，因此外在认知负荷就会降低。这些都是样例学习带来的认知上的益处，文献中把它叫做样例效应(Sweller et al.，1998)。相应的，通过样例的学习通常被称为基于样例的学习（van Gog & Rummel，2010)。

有相当一部分的研究显示样例可以帮助新手学习者学习复杂的技能，从而使他们在结构良好领域中的学习和问题解决上表现更好(Kalyuga, Chandler, Tuovinen & Sweller，2001；van Gog, Kester & Paas，2012；van Gog, Paas, van Merrienboer，2004；van Gog & Rummel，2010；van Loon-Hillen, van Gog & Brand-Gruwel，2012)。但是，样例学习也有一些缺点。具体来说，每个学习者的已有知识水平不同，加工样例的方式也不同，因此，研究人员和教育者们不可能了解学习者是否通过样例学习完全理解了问题解决的过程。造成这样的因素有好几个，例如样例的设计(Renkl et al.，2002)等，另外，学习者似乎不会本能地利用基于计算机学习环境中的呈现样例的诸多益处，因此，在基于计算机的学习环境中需要提供支架给学习者，以帮助他们投入到样例学习中去。

研究人员目前已经研究了基于计算机学习环境的一系列支架(Belland，2010；Cho & Jonassen，2002；Belland，2014；Kim & Hannafin，2011)。一类避免样例的缺点对的支架式使用填空问题(Completion Problems)。Renkl 等研究人员是这样描述填空问题的。首先呈现一个包含所有步骤的完全样例，然后呈现一个某一步骤缺失的样例。学习者需要通过填空填入缺失的步骤来完成该样例。这一个序列中的下一个样例是有两个步骤缺失的样例，学习者必须通过填空填入两个缺失的步骤来完成该问题。这样依次类推，直到样例中只剩下问题陈述为止，即当"样例"完全变成了一个传统问题解决的问题为止。在这样的情况下，学习者必须在没有帮助的情况下完成所有的解题步骤。已有一些研究人员详细研究了缺失问题的顺序(Atkinson, Renkl & Merrill，2003；Renkl et al.，2002)。这些研究表明，问题中的最后一个步骤应该先被省略，因为这样可以帮助学习者从依赖于样例逐渐过渡到问题解决。从认知负荷的角度，填空问题的好处是可以在技能获得和图式建构的过程中降低外在认知负荷(Renkl & Atkinson，2003；Renkl et al.，2004；van Gerven et al.，2000)。在问题序列中逐渐减少支架并逐渐增加关联认知负荷的需求可以让学习者学习到原理，并降低迁移问题时发生错误的概念。

矩阵

文献中另外一个降低外在认知负荷和促进学习的教学策略是使用矩阵。矩阵是一个二维交叉分类的表，它的呈现便于比较不同主题（Kauffman & Kiewra，2010），也能展现属性间的阶级关系，从而可以帮助学习者更容易地推理和理解各种关系（Robinson & Skinner，1996）。Vekiri 对图形组织者（Graphical Organizer）的相关研究进行了综述，他将矩阵描述成一类帮助学习者区分不同概念的图形组织者，并认为在学习者阅读了冗长的问题之后使用矩阵有利于整合新的概念。

过去的几十年间，研究人员为了研究矩阵对于学习的影响做出了不懈的努力（Atkinson et al.，1999；Bera & Robinson，2004；Gerjects，Scheiter & Schuh，2008；Robinson，Katayama，DuBois & Devaney，1998；Robinson & Kiewra，1995；Robinson & Schraw，1994；Robinson & Skinner，1996）。Robinson 和 Skinner 让学生通过计算机呈现的矩阵、提纲，或者文字的形式学习动物的概念和相关属性。其中用到的矩阵是这样设计的：某种动物的亚类概念呈现在最左边一列，属性类的名字呈现在顶端的第一行，相应的属性呈现在余下的格子里面。研究人员发现，使用矩阵学习的人比使用提纲和文字学习的人更快回答出问题。他们认为这样的结果是因为矩阵具有其他方式不具备的属性，即能帮助学习者通过空间组织好的材料完成推断。另外，这些研究人员还提出，矩阵的优势在于它能起到空间指标的作用，让相关信息凸显在学习者面前。因此，使用矩阵来呈现信息能够保证学习者进行全盘信息检索，从而降低学习者工作记忆中的外在认知负荷。其他研究人员进行的相关实证研究也得到了类似的结果。例如 Gerjects 等人 2008 年发表的一项他们的研究成果显示，学习者从使用一款基于超媒体的工具中获益，而这款工具能够使学习者以矩阵的形式比较不同样例的不同结构。

但是，Vekiri 提醒研究人员注意，某些矩阵的设计可能会妨碍学习。呈现太多信息可能会导致学习者认知超载和较差的表现。例如在之前的一项实验中，矩阵和自我解释提示结合，但是研究结果表明，当样例没有和矩阵结合的时候，学习者的表现要比样例和矩阵结合的实验条件下好。基于这些关于矩阵的设计可能会妨碍学习的论述，有些研究人员进一步指出，导致学习者表现差的原因可能是矩阵的结构限制了学习者的认知加工。但是，矩阵可以充分利用空间编排，更好地将各种概念和关系表达出来，因此会降低外在认知负荷。Robinson and Schraw（1994）的研究进一步支持了这一结论。他们发现和提纲以及文字相比，矩阵可以使学习者表现更好，因为它能够通过空间编排文字使得概念之间的关系凸显出来。但是，在滞后测验的情况下，矩阵、提纲和文字对于学习的效果没有显著的差别。

尽管有关矩阵的研究结果显得有些自相矛盾，但是当矩阵被恰当地设计的时候，使用矩阵被认为是有利于学习的（Vekiri，2002）。最近的一些研究涉及使用一系列的支架来促进学习，这些研究的结果也支持了以上的结论（Gurlitt, Dummel, Schuster & Nückles，2012；Jairam, Kiewra, Kauffman & Zhao，2012；Kauffman & Kiewra，2010；Suzuki, Sato & Awazu，2008）。

问题变异

结构良好领域的教学通常会呈现传统的练习问题集，这些问题集里面的潜在问题结构或者原理是相同的。Paas认为这样的教学方式是对学习没有效果的（1992）。他推荐使用样例和填空问题，因为这样学习者学习花费的时间更少，但却能提升学习的质量。因此，从这个角度来看，设计具有问题建构变异的样例教学方式很可能会促进学习者图式的构建。例如，Langan-Fox等研究人员发现，新手学习者使用问题的表面特征作为解决问题的基础，这使得他们难以辨认出问题的潜在结构。这种困难可能会因为大量的同一类问题而加剧。另外，Quilici和Mayer（2002）也认为，新手学习者需要不止一个样例来构建解决问题的图式。他们研究发现，当呈现高度变异的问题样例时，学习者学得最好。van Merrienboer等人的研究提供了更多实证依据：他们比较了两类练习问题，一类是被随机排序的不同类型的练习问题，另一类是被区块化的练习问题，其中每一区块中的问题结构类型都一样。他们的研究结果发现，前一类的呈现方式能更好地促进记忆保持和学习迁移。同时，他们还发现，学习者如果使用不同类型的练习问题来学习的话，就需要更多练习的时间，会犯更多的错误，会感到需要更多的认知资源来加工信息，但是，他们在迁移测试题上的表现却更好，错误更少。

设计教学的目标是为了降低外在认知负荷和增加关联认知负荷。一项具有高度元素交互性的学习任务通常会确定一个在问题结构上比较严谨但因此不太有变异的学习方法。但是，既严谨又缺乏变异的练习的主要问题在于会妨碍关联认知负荷，从而阻碍学习。有些研究人员认为，这种方式可能会导致学习者积极的识记，但是它并不能促进问题解决或者迁移上的提高。因此，这些研究人员建议使用随机的练习问题来促进学习迁移和图式建构。

新手学习者在结构良好的领域中进行问题解决的时候，常常会难以区分问题的结构和问题的表面故事，而传统的教学方式往往注重每次涉及一个问题结构。但是，研究表明，如果每次在问题解决的时候不是只呈现给学习者一个问题结构，那么学习者事实上可以学习地更好。一个可能的原因是，学习者可以在工作记忆中保持不同的内容，并对不同的问题结构进行比较，从而可以产生结构更精细化的图式（van Merrienboer et al. ，2006）。

本研究概述

考虑到在基于计算机的学习环境中，矩阵和问题变异的效应还缺乏相关研究，研究人员在本研究中使用不同问题结构的填空式样例来帮助学习者在计算机端学习概率的知识，并进一步比较矩阵形式的教学呈现方式和线性的呈现方式的效果。本研究涉及的成分包含预期正确率、后测表现以及认知负荷。

Quilicy 和 Mayer（1996）研究发现，统计应用题对于新手学习者来说比较难，因为此时新手学习者无法区分问题的表面特征和解决问题所需的步骤。问题变异是帮助这些学习者克服这一困难的方法之一。为了验证这一假设，本研究比较了两种类型的问题变异，一类为等价型问题变异，即相同问题结构的问题结合在一起形成不同的区块，在一个区块中，虽然这些问题的潜在结构相同，但表面故事不同，这样学习者可以通过不止一个样例来学习解决该类问题所需的步骤；另一类为对立型问题变异，即两个不同问题结构的问题组成一对，每一对问题的表面故事是一样的，以此来突出潜在问题结构的不同和解决不同问题所需的方法也不同。以上基于计算机的教学都是由填空样例组成的。但是，这些样例有的是通过矩阵的形式呈现，有的是通过线性的形式呈现。因此，本研究所要解决的研究问题如下：

a）在基于计算机的学习环境中通过填空样例呈现时，矩阵的呈现方式是否会比线性的呈现方式更能促进学习？

b）填空样例在不同的问题结构的情况下是否会促进学习？

c）教学方式（矩阵 vs. 线性）和问题结构变异是否有交互作用？

方　法

被试和实验设计

研究人员从一所公立大学招募了总共 113 名本科学生志愿参与本研究。他们的平均 GPA 为 3.37。这些人中，有 53 人为男性，60 人为女性；他们年龄范围在 18 至 56 岁之间，平均年龄 23.79 岁，标准差 9.1 岁；其中 61 人会讲不止一种语言。

本研究的设计为前后测、2(教学方式：矩阵 vs. 线性)×2(问题变异：等价 vs. 对立)组间设计。线性的教学方式是指每一个问题呈现一个计算机屏，而矩阵的教学方式是指每两个问题以矩阵的形式同时呈现在一个计算机屏上。等价问题变异是指一系列潜在结构一样但是表面不同的问题，而对立问题变异是指表面故事一样，潜在问题结构不一样的一系列问题。参与研究的志愿者被随机分配到四个实验条件中的一个：线性呈现等价问题结构(30 人，其中 15 名男性，15 名女性)、线性呈现对立问题结构(30 人，其中 11 名男性，19 名女性)、矩阵呈现等价问题结构(27 人，其中 15 名男性，12 名女性)以及矩阵呈现对立问题结构(26 人，其中 12 名男性，14 名女性)。

基于计算机的学习环境

本研究所实施的教学包含了一门有关概率原理的课程，其中介绍五个概率的基本原理：(1)实验和样本空间，(2)事件的概率，(3)独立事件的乘法原理，(4)顺序相关的条件概率，以及(5)顺序无关的条件概率。通过计算机呈现的教学采用基于样例的教学方式，涉及一共八个练习问题(分成两个问题集，每个题目集中有四个问题)。这些练习问题是填空样例，都需要三个步骤来得到答案。根据不同的实验条件，这些填空样例以不同的形式通过计算机端呈现：等价问题结构以线性形式呈现，对立问题结构以线性形式呈现，等价问题结构以矩阵形式呈现，对立问题结构以矩阵形式呈现。每个问题集中的第一个问题是一个完全解答好的样例；第二个问题的最后一步被省略，要求学生填空；第三个问题的最后两步被省略，要求学生填空；第四个问题解答的三个步骤都被省略了。所以，在两个问题集包含的八个练习问题中，一共有 12 个步骤被省略了。

基于计算机的学习环境是研究人员使用 Microsoft Access 设计和开发出来的。该计算机学习环境还可以获得研究参与者的实验结果数据。除了实验条件所造成的界面布局不同外，其余的样式对所有研究参与者都一样，以便不同的实验条件尽可能等价。当每个问题呈现给研究参与者的时候，界面中会显示一个按钮，点击后就可以浏览概率原理的文字教学信息；还有一个计算器按钮，点击以后就会自动调用 Windows 系统中的计算器；另外还有一个电子草稿板按钮，点击以后弹出的电子草稿板可以供研究参与者做"电子草稿"，例如复制粘贴一些信息以方便计算。本研究要求研究参与者每点击一次，计算机屏幕会呈现后面的内容，但无法往后倒退。

线性形式的样例教学

首先，研究参与者会遇到这样的界面——提醒他们接下来的教学将采用一系列的填空样例的方式进行。在阅读完必要的指导语以后，研究参与者点击开始按钮就会进入到第一个问题集中的问题 1。这是包含了三步解题步骤和答案的样例。在研究参与者学习了该样例以后，只要他们点击下一步按钮，计算机学习环境就会呈现问题 2。问题 2 仅仅呈现了解题的前两步。因此，研究参与者需要自行填空完成第三个步骤，并在另外一个空方框中填入答案。研究参与者在填入答案后可以点击旁边的一个"查看答案是否正确"按钮来查看自己的答案是否正确。如果答案正确，计算机将显示一个对话框"非常好"；如果答案不正确，计算机将显示"您的答案错误。请重新来一次"。如果第二次答案还是错误，计算机将通过文本框显示正确的答案（例如"答案为0.26"。）。无论研究参与者答对还是答错，答错几次，最后计算机学习环境都会呈现正确的答案，而研究参与者的作答将还是呈现在方框中以便他们做比较。

当研究参与者完成了问题 2 以后，只要他们点击下一步，计算机学习环境就会呈现问题 3。问题 3 只提供了解答的第一个步骤，剩下的两个步骤都被省略了。第二步要求研究参与者在方框中填入缺失的公式。如果他们完成了这一步，那么他们可以点击旁边的"查看答案是否正确"按钮来查看自己的答案是否正确。和之前一样，计算机学习环境会呈现一个文本框，显示答案是正确还是错误。如果两次尝试都没有得到正确的答案，那么计算机学习环境会呈现剩下两步的答案。同样，研究参与者的答案还是会显示在填空的方框中，以便他们将自己的答案和正确答案做比较。

在研究参与者完成问题 3 以后，只要他们点击下一步，计算机学习环境就会呈现问题 4。问题 4 没有呈现任何的解题步骤，因此研究参与者需要解答所有的三个步骤。解答的流程和之前问题 2 和问题 3 的流程是一样的。在完成问题 4 以后，研究参与者即完成了一个问题集，他们可以马上进入另一个问题集，学习问题 5 至问题 8。

矩阵形式的样例教学

矩阵形式教学，和线性形式的样例教学一样，一开始计算机学习环境会呈现指导语。在阅读完必要的指导语以后，研究参与者点击开始按钮就会进入到第一个问题集。首先出现的是以矩阵形式呈现的问题1和问题2，它们左右并列排在一个两列的表格里。表格的左边一列中，问题1是一个包含所有三个解答步骤的样例，而表格右边一列一开始是空白的。在研究参与者学习完问题1以后，他们点击下一步按钮，问题2就会呈现在表格的右边一列。

问题2包含了解答该问题的前两个步骤，第三步被省略了。研究参与者需要通过问题1和问题2来完成问题2中缺失的第三步的填空。计算机学习环境中有一个方框，研究参与者可以将自己认为正确的第三个步骤的公式填进去，这和线性形式的样例教学是一样的。研究参与者查看自己的答案是否正确所需经过的流程也和线性形式的样例教学是一样的。当研究参与者完成问题2以后，计算机学习环境会显示问题1和问题2的所有解题步骤和答案，而研究参与者的作答仍然在方框中，以便他们进行比较学习。

在完成问题1和问题2以后，研究参与者点击下一步按钮，就会进入到问题3和问题4的学习中。它们都被呈现在矩阵中，问题3在左边，问题4在右边。除了矩阵这样的布局不同以外，其余都和线性形式的样例教学一样。

等价结构的问题集

在等价问题集的四个问题中，每个问题的潜在结构是等价一致的，这也就意味着，该问题集中的所有问题的解题方式是 样的。两个问题集中的八个问题的呈现是以AAAA BBBB的顺序排列的（A和B分别代表一种问题结构）。例如，问题1的陈述是这样的："现有酸橙、樱桃香草健怡和樱桃香草常规这三种可口可乐产品。您需要品尝30瓶可口可乐。在品尝以后，您发现14瓶为樱桃香草健怡，1瓶为樱桃香草常规。如果您随机盲选两瓶，您第一瓶选到是樱桃香草口味的可口可乐（健怡或者常规），第二瓶选到是酸橙口味可口可乐的概率是多少？"问题2的陈述是这样的："朱莉最近买下来一间快捷酒店，她想要给酒店的20个房间安装平板电视。为了节约费用，她从二手电器市场购买了20台平板电视。销售商警告她说，这其中有5台的屏幕上有坏点，另外有五台的颜色设置上有问题。如果朱莉随机打开2台她购买的电视，那么第一台是有瑕疵的（有坏点或者颜色设置问题）而第二台没有瑕疵的概率是多少？"

对立结构的问题集

在对立结构的问题集中，每个问题集中的四个问题的潜在结构是对立，这意味着每两个问题的解题方式是一样的。两个问题集中的八个问题的呈现是以 ABAB BABA 的顺序排列的（A 和 B 分别代表一种问题结构）。相邻的两个问题有相似的表面故事，但是问题结构不同。例如，在对立结构问题集中的问题 1 和等价结构问题集的问题 1 是一模一样的，而对立结构问题集中的问题 2 是这样陈述的："现有酸橙、樱桃香草健怡和樱桃香草常规这三种可口可乐产品。您需要品尝 30 瓶可口可乐。在品尝以后，您发现 14 瓶为樱桃香草健怡，1 瓶为樱桃香草常规。如果您随机盲选两瓶，您选到一瓶是樱桃香草口味的可口可乐（健怡或者常规），另外一瓶是酸橙口味可口可乐的概率是多少？"

测量工具

通过计算机端实施的测量包括人口统计问卷、前测、后测和自我报告的认知负荷问卷。以下是具体的描述。

人口统计问卷旨在收集每名研究参与者的一些基本信息，例如年龄、性别、所学专业等。

前测包含了 8 道有关概率的难度不等的问题。有些题目可能不需要概率原理的已有知识，只需要通过逻辑推理或者画一张图就可以解决；有些题目是基于高中数学的百分比计算，因此，需要具有概率原理的知识。研究人员将后测分为三类：5 道近迁移的问题，4 道中迁移的选择题，2 道远迁移的问题。近迁移的问题在结构上和练习问题一样，只是表面故事不一样而已。中迁移的选择题需要对概率原理有基本的理解才能做出正确的选择。远迁移问题需要研究参与者写一个自己的问题，并自行写下问题的解决步骤和答案。认知负荷采用了 NASA－TLX 中的五道自我报告的题目，尺度在 0 至 100,5 分递增。

研究流程

本研究在计算机实验室内进行，一星期内共进行了 17 次，每次的实验流程都按照事先计划并完全一致。

研究参与者坐在实验室 8 台电脑中的一台独立完成本研究的任务。整个实验需要大约 60 至 90 分钟，需要研究参与者全程与计算机交互。首先，研究参与者完成人口统计问卷和前测；然后，他们将阅读有关概率原理的文字；在这之后，他们会按照被分配的实验条件，通过不同的样例进行学习；在此过程中，他们依然可以随时查看刚才阅读过的有关概率原理的文字。研究参与者被要求在缺失的步骤里面输入正确的步骤和答案，这就是本研究所关注的预期。计算机学习环境会记录每名研究参与者尝试的次数，以及所输入的步骤和答案是否正确。最后，研究参与者完成后测和认知负荷测试。计算机学习环境会自动记录每人在这些实验任务上的作答。

评分

对于前测而言，每答对一道题得 1 分，因此前测最高分为 8 分。前测的一致性系数为 0.71。在练习阶段，一共有 12 个省略的步骤，每个步骤计 1 分，共 12 分。后测分为近迁移、中迁移和远迁移。对于近迁移来说，每答对一个步骤计 1 分，每道题最多可得 3 分，最大分值为 12 分。中迁移为选择题，答对一题得 1 分。远迁移要求研究参与者编写两道新的概率问题并自行作答，每写对一个步骤得 1 分，最大分值 22 分。

研 究 结 果

表 1 呈现了四个实验条件在一系列因变量上的平均数和标准差。

表 1　每个因变量上的平均数和标准差

	实验条件							
	线性形式 (N = 60)				矩阵形式 (N = 53)			
	等价结构 (N = 30)		对立结构 (N = 30)		等价结构 (N = 27)		对立结构 (N = 26)	
	M	SD	M	SD	M	SD	M	SD
分值								
前测	.49	.23	.45	.24	.44	.29	.50	.22
后测	.42	.16	.37	.21	.40	.18	.44	.15
近迁移	.72	.30	.64	.39	.70	.33	.77	.29
中迁移	.21	.31	.43	.32	.51	.29	.53	.26

续　表

	实验条件							
	线性形式 (N = 60)				矩阵形式 (N = 53)			
	等价结构 (N = 30)		对立结构 (N = 30)		等价结构 (N = 27)		对立结构 (N = 26)	
	M	SD	M	SD	M	SD	M	SD
远迁移	.56	.39	.52	.42	.46	.41	.54	.36
认知负荷	47.57	15.56	53.27	17.12	52.48	17.13	46.19	11.91
预期正确率	.65	.26	.54	.29	.68	.25	.68	.24

所有显著的交互作用之后都进行事后检验。使用 Bonferroni 来控制第一类错误的累积。偏 η^2 或者 Cohen's d 被用作效应量，.01，.06 和.14 分别是偏 η^2 小、中、大的临界值；.20，.50 和.80 分别是 d 小、中、大的临界值(Cohen，1988)。

两因素方差分析被用来评估四个实验条件在已有知识上是否有显著差异。统计结果显示两个主效应以及交互作用都没有显著效应。

两因素协方差分析被用来评估教学形式(线性 vs. 矩阵)和问题变异(等价问题结构 vs. 对立问题结构)对预期准确率的效应，其中已有知识是协变量。协变量已有知识和因变量预期准确率的相关系数为 .30，$p = .001$。协方差统计结果显示，教学形式主效应和问题变异主效应均不显著，两个 F 值均小于 1；两因素的交互作用显著，$F(1, 105) = 5.10$，$MSE = .06$，$p = .03$，partial$\eta^2 = .05$。因此进行事后检验，使用 Bonferroni 来控制第一类错误的累积。事后检验结果发现，对于对立结构问题的实验条件来说，矩阵教学形式比线性教学形式在预期正确率上更高，$p < .05$，$Cohen's\ d = .53$(中度效应)。

两因素协方差分析被用来评估教学形式(线性 vs. 矩阵)和问题变异(等价问题结构 vs. 对立问题结构)对近迁移的效应，其中已有知识是协变量。协变量已有知识和因变量预期准确率的相关系数为 .31，$p = .001$。协方差统计结果显示，教学形式主效应和问题变异主效应均不显著，两个 F 值均小于 1；两因素的交互作用显著，$F(1, 105) = 5.82$，$MSE = .10$，$p = .02$，partial$\eta^2 = .05$。因此进行事后检验，使用 Bonferroni 来控制第一类错误的累积。事后检验结果发现，对于对立结构问题的实验条件来说，接受矩阵教学形式的研究参与者比接受线性教学形式的研究参与者在近迁移上的正确作答更多，$p < .05$，Cohen's $d = .38$（中度效应）。

两因素协方差分析被用来评估教学形式（线性 vs. 矩阵）和问题变异（等价问题结构 vs. 对立问题结构）对中迁移的效应，其中已有知识是协变量。协变量已有知识和因变量预期准确率的相关系数为 $.36$，$p = .001$。协方差统计结果显示，教学形式主效应和问题变异主效应均不显著，两个 F 值均小于 1；两因素的交互作用显著，$F(1, 105) = 5.66$，$MSE = .08$，$p = .02$，partial $\eta^2 = .05$。因此进行事后检验，使用 Bonferroni 来控制第一类错误的累积。事后检验结果发现，对于对立结构问题的实验条件来说，接受矩阵教学形式的研究参与者比接受线性教学形式的研究参与者在中迁移测试上表现更好，$p < .05$，Cohen's $d = .34$（中度效应）。

两因素协方差分析被用来评估教学形式（线性 vs. 矩阵）和问题变异（等价问题结构 vs. 对立问题结构）对远迁移的效应，其中已有知识是协变量。协变量已有知识和因变量预期准确率的相关系数为 $.32$，$p = .001$。协方差统计结果显示，教学形式主效应、问题变异主效应和两因素之间的交互作用均不显著，三个 F 值均小于 1。每名研究参与者在五道认知负荷测试题上的分数被取了平均值作为他们每个人认知负荷的表征。

两因素方差分析被用来评估教学形式（线性 vs. 矩阵）和问题变异（等价问题结构 vs. 对立问题结构）对认知负荷的效应。统计结果显示，教学形式主效应、问题变异主效应以及两因素之间的交互作用均不显著，三个 F 值均小于 1。

结 论 和 讨 论

本研究的目的是探索在基于计算机的学习环境中，使用矩阵或者线性呈现的具有等价问题结构或者对立问题结构的填空样例对于学习概率的效应。研究人员发现了教学形式和问题结构变异之间的三个显著交互作用。总的来说，研究的结果确认了使用矩阵和对立问题结构进行样例教学的有效性。具体来说，本研究的结果回答了研究人员提出的三个科学问题。

在基于计算机的学习环境中通过填空样例呈现时，矩阵的呈现方式是否会比线性的呈现方式更能促进学习？ 本研究没有发现矩阵教学形式有统计上的显著主效应，因此，很难说矩阵作为一个单一的因素是否会影响学习。一些已有的研究表明，矩阵不会阻碍学习，但是它也不会促进学习（Robinson & Schraw, 1994）。本研究得到的结果既没有支持矩阵形式的填空样例促进学习，也没有得到与促进效应相反的结论。但

是，这一研究结果正好是悖论的结果。仅仅使用矩阵可能使学习变得简单，因为它降低了外在认知负荷。但是，已有的相似的研究以及本研究都显示，矩阵需要和另外一个相关的学习手段或者策略相结合，才能一起来促进学习，例如矩阵和填空样例结合。只有这样，才能保证学习者能够充分利用因为降低了的外在认知负荷而被释放的大量工作记忆负荷，进行关联认知加工。矩阵有可能因为其不确定的效应而并没有被各领域的研究人员充分研究，但这并不意味着它在计算机学习环境中不是一种有效促进学习、帮助学习者构建图式的手段。它的有效性可能取决于计算机学习环境中的一些其他因素，例如问题变异。很重要的一点就是，研究人员应该继续寻求和研究和矩阵结合在一起的教学方法，不管它是技术手段、认知手段还是元认知手段。

填空样例是不同的问题结构的情况下是否会促进学习？　和之前一个研究问题一样，本研究的结果显示问题结构变异没有显著的主效应，因此无法得出不同问题结构的填空样例会促进学习的结论。所以，结构不同的问题既不能促进学习，也不能妨碍学习。这样的事实可能是因为不同的问题结构需要和其他教学策略相结合才能体现其有效性。另外还需要指出的是，本研究中仅仅呈现了两种不同的问题结构，缺乏一定的变异，这也可能导致本研究中显示的无显著结果，因为已有的一些研究揭示了其积极的效应（Gurlitt et al.，2012）。

教学方式（矩阵 vs. 线性）和问题结构变异是否有交互作用？　本研究结果揭示了这两个因素之间的三个效应量为中度的交互作用，进一步的统计分析显示出矩阵和对立问题结构结合在一起的优越性。具体来说，相对于通过线性方式呈现对立结构问题，通过矩阵呈现对立结构问题可以使得学习者的学习表现更好。他们不仅可以在练习问题的填空中有更高的正确率，而且还具有实验条件中最高的近迁移和中迁移分数。这些结果有力地说明，通过利用矩阵的视觉空间布局，学习者可以比较不同的信息，从而有利于他们图式的获得。在本研究中，计算机学习环境的设计帮助学习者看到了解决问题的每一步的异同之处，学习者可以通过对比左右两边不同问题结构的样例，来掌握有关的概率原理。也可以这样说，矩阵提供给学习者一共空间上的指引，方便他们识别计算正确步骤所需的关键原理。考虑到计算机学习环境中自我解释可以吸引学习者投入到学习活动中（Lin & Atkinson，2013），研究人员猜想，矩阵和对立结构问题这两者的结合可能促进了学习者进行积极的认知加工。但是，本研究中认知负荷数据并没有发现显著差异。这也可能是因为目前认知负荷测量的局限性，这在目前的文献中也比较普遍（Brünken et al.，2010）。

有趣的是，那些通过线性呈现方式学习对立结构问题的学习者在所有因变量上的得分是所有实验条件中最低的。这说明，对于新手学习者来说，他们无法在工作记忆中保持信息，并将正在学习的问题和上一个学习过的问题进行比较。（而这一点恰恰是矩阵的一大优势。）这样，学习者就可能无法区别不同的概率原理，从而无法正确解题，由此造成所建立的图式不完整。在这种情况下，学习者可能会试图搞清楚，为什么他们的解题步骤不正确，从而引起大量的外在认知负荷，导致工作记忆容量超负荷。当然，本研究没有发现认知负荷数据上有显著差异，可能是因为测量工具的问题。

尽管问题变异或者教学形式都没有显著的主效应，两者之间的交互作用却很明显。这些实证研究结果进一步加强了有关矩阵和对立结构问题有助于图式建构的理论和实践依据。另外，本研究的结果也为怎样在基于计算机的学习环境中提供教学支架提出了一个方向，这对教学设计和开发有极大的指导作用和启示，即在设计和开发在教育情境中的基于计算机的学习环境进行问题解决教学时，教学设计人员应该考虑采用对立结构问题的填空样例，并以矩阵的形式呈现。

考虑到本研究所揭示的中等程度的效应，未来的研究应该考虑将矩阵和对立结构问题相结合，并应用于不同认知负荷的情境中，以便建立矩阵形式教学和不同水平认知负荷之间的关系。研究人员也可以考虑在计算机学习环境中提供给学习者更多的学习控制，以便来看学习者自身是如何影响问题类型和教学形式的。另外，未来研究如果能采用眼动技术来追踪学习者观看和加工教学材料的方式的话，那对于认知加工和人机交互也会很有帮助。

总结：当设计和开发基于计算机的学习环境对大学生在结构良好的领域进行教学的时候，教学设计人员和教育从业者应该使用不同结构的填空样例，并以矩阵的形式来呈现，以此来促进学习。

参考文献

Atkinson, R. K., Derry, S. J., Renkl, A., & Wortham, D. (2000). Learning from examples: Instructional principles from the worked examples research. *Review of Educational Research*, 70(2), 181-214.

Atkinson, R. K., Levin, J. R., Kiewra, K. A., Meyers, T., Kim, S.-I., Atkinson, L. A., et al. (1999). Matrix and mnemonic text-processing adjuncts: Comparing and combining their components. *Journal of Educational Psychology*, 91(2), 342-357.

Atkinson, R. K., Merrill, M. M., & Renkl, A. (2003). Transitioning from studying examples to solving problems: Effects of self-explanation prompts and fading worked-out steps. *Journal of Educational Psychology*, 95(4),774－783.

Atkinson, R. K., Merrill-Lusk, M. M., & Bietzel, B. (2007). *Learning from book-based examples: Exploring the impact of combining fading with prompts and matrices*. Paper presented at the biennial meeting of the European Association for Research on Learning and Instruction, Budapest, Hungary.

Atkinson, R. K., Renkl, A., & Merrill, M. M. (2003). Transitioning from studying examples to solving problems: Effects of self-explanation prompts and fading worked-out steps. *Journal of Educational Psychology*, 95(4),774－783.

Bera, S. J., & Robinson, D. H. (2004). Exploring the boundary conditions of the delay hypothesis with adjunct displays. *Journal of Educational Psychology*, 96,381－388.

Belland, B. R. (2010). Portraits of middle school students constructing evidence-based arguments during problem-based learning: The impact of computer-based scaffolds. *Educational Technology Research and Development*, 58(3),285－309.

Belland, B. R. (2014). Scaffolding: Denition, current debates, and future directions. In J. M. Spector, M. D. Merrill, J. Elen, & M. J. Bishop (Eds.), *Handbook of research on educational communications and technology* (4th ed., pp. 505－518). New York, NY: Springer.

Brünken, R., Plass, J. L., & Moreno, R. (2010). Current issues and open questions in cognitive load research. In J. L. Plass, R. Moreno & R. Brünken (Eds.), *Cognitive Load Theory*, (pp. 253－272). New York, NY, US: Cambridge University Press.

Chase, W. G., & Simon, H. A. (1973). The mind's eye in chess. In. W. G. Chase (Ed.), *Visual information processing*. New York: Academic Press.

Cho, K., & Jonassen, D. H. (2002). The effects of argumentation scaffolds on argumentation and problem solving. *Educational Technology Research and Development*, 50,1042－1629.

Cohen, J. (1988). *Statistical power analysis for the behavioral sciences* (2nd ed.). Hillsdale, N. J.: L. Erlbaum Associates.

Gerjets, P., Scheiter, K., & Catrambone, R. (2004). Designing instructional examples to reduce intrinsic cognitive load: Molar versus modular presentation of solution procedures. *Instructional Science*, 32(1－2),33－58.

Gerjects, P., Scheiter, K. & Schuh, J. (2008). Information comparisons in example-based hypermedia environments: Supporting learners with processing prompts and an interactive comparison tool. *Educational Technology Research and Development*, 56,73－92.

Greeno, J. (1978). Natures of problem-solving abilities. In W. Estes (Ed.), *Handbook of learning and cognitive processes* (pp. 239－270). Hillsdale, NJ: Lawrence Erlbaum Associates.

Gurlitt, J., Dummel, S., Schuster, S., & Nückles, M. (2012). Differently structured advance organizers lead to different initial schemata and learning outcomes. *Instructional Science*, 40,351－369.

Hart, S. G., & Staveland, L. E. (1988). Development of NASA－TLX (Task Load Index): Results of experimental and theoretical research. In P. A. Hancock & N. Meshkati (Eds.),

Human mental workload (pp. 139 - 183). Amsterdam: North-Holland.

Jairam, D. , & Kiewra, K. A. (2010). Helping students soar to success on computers: An investigation of the SOAR study method for computer-based learning. *Journal of Educational Psychology*, *102*, 601 - 614.

Jairam, D. , Kiewra, K. A. , Kauffman, D. F. & Zhao, R. (2012). How to study a matrix. *Contemporary Educational Psychology*, *37*, 128 - 135.

Jonassen, D. H. (1997). Instructional design models for well-structured and ill-structured problem-solving learning outcomes. *Educational Technology Research and Development*, *45*, 65 - 94.

Kalyuga, S. , Chandler, P. , Tuovinen, J. , & Sweller, J. (2001). When problem solving is superior to studying worked examples. *Journal of Educational Psychology*, *93* (3), 579 - 588.

Kauffman, D. F. , & Kiewra, K. A. , (2010). What makes a matrix so effective? An empirical test of the relative benefits of signaling, extraction, and localization, *Instructional Science*, *38*, 679 - 705.

Kim, M. , & Hannafin, M. J. (2011). Scaffolding problem solving in technology-enhanced learning environments (TELEs): Bridging research and theory with practice. *Computers & Education*, *56*, 255 - 282.

Langan-Fox, J. , Waycott, J. L. , & Albert, K. (2000). Linear and graphic advance organizers: Properties and processing. *International Journal of Cognitive Ergonomics*, *4* (1), 19 - 34.

Lin, L. , & Atkinson, R. K. (2013). Enhancing learning from different visualizations by self-explanations prompts. *Journal of Educational Computing Research*, *49*(1), 83 - 110.

National Mathematics Advisory Panel (2008). *Foundations for success: The final report of the National Mathematics Advisory Panel*. Washington, DC: U. S. Department of Education. <http://www. ed. gov/about/bdscomm/list/mathpanel/report/final-report. pdf> [Retrieved 13. 01. 15].

National Assessment of Educational Progress (2003). Retrieved from http://nces. ed. gov/nationsreportcard/mathematics/abilities. asp

Nievelstein, F. , van Gog, T. , van Dijck, G. , & Boshuizen, H. P. A. (2013). The worked example and expertise reversal effect in less structured tasks: Learning to reason about legal cases. *Contemporary Educational Psychology*, *38*, 118 - 125.

Paas, F. G. W. C. (1992). Training strategies for attaining transfer of problem-solving skill in statistics: A cognitive-load approach. *Journal of Educational Psychology*, *84*(4), 429 - 434.

Paas, F. , Renkl, A. , & Sweller, J. (2003). Cognitive load theory and instructional design: Recent developments. *Educational Psychologist*, *38*(1), 1 - 4.

Quilici, J. L. , & Mayer, R. E. (1996). Role of examples in how students learn to categorize statistics word problems. *Journal of Educational Psychology*, *88*(1), 144 - 161.

Quilici, J. L. , & Mayer, R. E. (2002). Teaching students to recognize structural similarities between statistics word problems. *Applied Cognitive Psychology*, *16*(3), 325 - 342.

Reisslein, J. , Reisslein, M. , & Seeling, P. (2006). Comparing static fading with adaptive fading to independent problem solving: The impact on the achievement and attitudes of high school students learning electrical circuit analysis. *Journal of Engineering Education*, *95*, 217 – 226.

Renkl, A. , & Atkinson, R. K. (2003). Structuring the transition from example study to problem solving in cognitive skill acquisition: A cognitive load perspective. *Educational Psychologist*, *38*(1),15 – 22.

Renkl, A. , Atkinson, R. K. , & Groe, C. S. (2004). How fading worked solution steps works—A cognitive load perspective. *Instructional Science*, *32*,59 – 82.

Renkl, A. , Atkinson, R. K. , Maier, U. H. , & Staley, R. (2002). From example study to problem solving: Smooth transitions help learning. *The Journal of Experimental Education*, *70*(4),293 – 315.

Robinson, D. H. , Katayama, A. D. , DuBois, N. F. , & Devaney, T. (1998). Interactive effects of graphic organizers and delayed review of concept application. *Journal of Experimental. Education*, *67*(1),17 – 31.

Robinson, D. H. , & Kiewra, K. A. (1995). Visual argument: Graphic organizers are superior to outlines in improving learning from text. *Journal of Educational Psychology*, *87*(3), 455 – 467.

Robinson, D. H. , & Schraw, G. (1994). Computational efficiency through visual argument: Do graphic organizers communicate relations in text too effectively? *Contemporary Educational Psychology*, *19*(4),399 – 415.

Robinson, D. H. , & Skinner, C. H. (1996). Why graphic organizers facilitate search processes: Fewer words or computationally efficient indexing? *Contemporary Educational Psychology*, *21*(2),166 – 180.

Rourke, A. , & Sweller, J. (2009). The worked-example effect using ill-defined problems: Learning to recognize designers' styles. *Learning and Instruction*, *19*,185 – 199.

Roy, M. , & Chi, M. T. H. (2005). The self-explanation principle in multimedia learning. In R. E. Mayer (Ed.), *The Cambridge handbook of multimedia learning* (pp. 271 – 286). New York, NY, US: Cambridge University Press.

Suzuki, A. , Sato, T. & Awazu, S. (2008). Graphic display of linguistic information in English as a foreign language reading. *TESOL Quarterly*, *42*, 591 – 616.

Sweller, J. (1988). Cognitive load during problem solving: Effects on learning. *Cognitive Science*, *12*,257 – 285.

Sweller, J. (2006). The worked example effect and human cognition. *Learning and Instruction*, *16*(2),165 – 169.

Sweller, J. (2010). Element interactivity and intrinsic, extraneous, and germane cognitive load. *Educational Psychology Review*, *22*,123 – 138.

Sweller, J. , & Copper, G. (1985). The use of worked examples as a substitute for problem solving in learning algebra. *Cognition and Instruction*, *2*,59 – 89.

Sweller, J. , van Merrienboer, J. J. G. , & Paas, F. G. W. C. (1998). Cognitive architecture and instructional design. *Educational Psychology Review*, *10*(3),251 - 296.

van Gerven, P. W. M. , Paas, F. G. W. C. , van Merrienboer, J. J. G. , & Schmidt, H. G. (2000). Cognitive load theory and the acquisition of complex cognitive skills in the elderly: Towards an integrative framework. *Educational Gerontology*, *26*, 503 - 521.

van Gog, T. , & Kester, L. (2012). A test of the testing effect: Acquiring problem-solving skills from worked examples. *Cognitive Science*, *36*,1532 - 1541.

van Gog, T. , Kester, L. & Paas, F. (2012). Effects of worked examples, example-problem, and problem-example pairs on novices' learning. *Contemporary Educational Psychology*, *36*, 212 - 218.

van Gog, T. , Paas, F. , & van Merrienboer, J. J. G. (2004). Process-oriented worked examples: Improving transfer performance through enhanced understanding. *Instructional Science*, *32*,83 - 98.

van Gog, T. , & Rummel, N. (2010). Example-based learning: Integrating cognitive and social-cognitive research perspectives. *Educational Psychology Review*, *22*,155 - 174.

van Loon-Hillen, N. , van Gog, T. , & Brand-Gruwel, S. (2012). Effects of worked examples in a primary school mathematics curriculum, *Interactive Learning Environments*, *20*,89 - 99.

van Merrienboer, J. J. G. , Kester, L. , & Paas, F. (2006). Teaching complex rather than simple tasks: Balancing intrinsic and germane load to enhance transfer of learning. *Applied Cognitive Psychology*, *20*(3),343 - 352.

van Merrienboer, J. J. G. , Kirschner, P. A. , & Kester, L. (2003). Taking the load off a learner's mind: Instructional design for complex learning. *Educational Psychologist*, *38*(1), 5 - 13.

van Merrienboer, J. J. G. , Schuurman, J. G. , de Croock, M. B. M. , & Paas, F. G. W. C. (2002). Redirecting learners' attention during training: Effects on cognitive load, transfer test performance and training efficiency. *Learning and Instruction*, *12*(1),11 - 37.

Vekiri, I. (2002). What is the value of graphical displays in learning? *Educational Psychology Review*, *14*(3),261 - 312.

第十四章 研究案例六：教育游戏实验

引 言

电脑游戏具有巨大的教育应用潜力，因为他们对于学习者/玩家而言非常具有吸引力(Boyle, Connolly, Hainey & Boyle, 2012)。在过去的几十年里，教育研究人员和教育实践者们一直都关注于在广泛的领域中的基于游戏的学习这方面的情况(例如，Ke, 2009；Randal, Morris, Wetzel & Whitehill, 1992；Wouters, van Nimwegen, van Oostendorp & van der Spek, 2013)。但是，对于怎样使用电脑游戏进行哮喘方面的教学，特别是对健康儿童进行这方面的教育，人们还知之甚少。鉴于有进行科学研究来探索基于游戏的学习这样的需求，研究人员为了填补文献中的空白进行了本文中的研究。

电脑游戏的效应

早期研究揭示了电脑游戏在很多领域中相对于传统教学方法的潜在教育价值(Randel, Morris, Wetzel & Whitehall, 1992)。例如，Randel 等研究人员查阅了 1963 年至 1991 年发表的 68 个相关研究，发现其中有 56％的研究结果表明电脑游戏和传统游戏在教育作用方面无差异，有 32％的研究结果表明电脑游戏比传统教育方法好，还有 5％的研究结果表明电脑游戏不如其他教学方法好。另外，他们还有一个发现，如果使用电脑游戏进行教学，学习者学习到的知识将保持的时间更长。另外，学习者报告说，游戏和传统教学方式相比更有趣，也更吸引人。虽然 Randel 等研究人员的研究还包含了没有技术成分的游戏，但是，他们的研究工作说明了游戏作为学习、记忆保持和动机的重要作用，具有里程碑的意义。随着技术的发展，相关研究人员进行了更多的研究来关注基于游戏的学习。Vogel(2006)进行了一项元分析，来比较电脑游戏和传统方法的相对效应。元分析的结果发现，游戏能起到帮助认知提高和学习态度的改变的作用。另外，研究人员还发现，学前儿童、小学生和中学生都非常喜欢使用游戏的学习方式。Ke(2009)采用质性研究方法对使用电脑游戏作为学习工具这个主题的相关研究进行了综述。她发现，尽管电脑游戏被应用于包括科学、数学、语言和卫生等众多领域，但是使用追踪研究方法来研究游戏的研究还是很缺乏。最近的有关基于游戏的学习的综述和元分析的结果是不一致的。Connolly 等研究人员对于 2004 年到 2009 年间商业领域、卫生领域以及社会科学领域的有关游戏的论文进行了综述，他们发现，使用电脑游戏进行教学可以让学习者感到愉悦，并能吸引他们到学习中，而且也更有效，尽管这一积极的效应不是那么强。Wouters 等人进行的元分析的结果却不一样。他们对 1990 年至 2012 年间发表的相关论文进行了分析，研究发现，和传统教学方法相比，电脑游戏能更有效地促进学习和记忆保持，但是和传统教学方式相比，电脑游戏并没有体现出它能更吸引人。另外，他们的研究还显示，多次使用电脑游戏进行教学要比传统的教学方式更好。目前文献中这些不一致的结果预示着研究人员对于使用电脑游戏的学习应该聚焦在某一个领域。

用电脑游戏进行哮喘教育

早期一些研究结果显示出了使用电脑游戏进行哮喘教育的潜力(Rubin et al.，1986)。例如 Rubin 等研究人员使用了一个叫哮喘命令(Asthma Command)的电脑游戏，旨在对患有中度哮喘的中学生进行相关的教育。这些中学生在六个月的时间里平均玩了 45 分钟的该游戏，之后研究人员发现他们对于哮喘的知识、态度以及管理行为等都发生了显著变化。但是，实验组和对照组在发病几率上没有显著差异。

之后的研究结果更加显示出电脑游戏的潜力。Shegog 等研究人员设计和开发了一款游戏，可以让玩家持续管理游戏角色的哮喘状况。研究结果发现，这款游戏不但提升了学生的自我效能，还提升了学生继续玩游戏的热情。Lieberman(2001)报告了一系列旨在研究使用电脑游戏对促进儿童对于哮喘的知识和态度的实证实验。研究人员从门诊和住院病人中招募来了参与研究的人员。研究结果一方面显示让学生玩电脑游戏要比让学生看教学视频效果好，另一方面还显示学生从电脑游戏中获得的有关哮喘的知识可以持续三个月。Shames 等人的研究也得出了类似的结果——对于那些玩了游戏作为干预一部分的儿童，他们关于哮喘的知识和生活质量分数都显著增加了。Huss(2003)的研究却显示了不同的结果。在他们的实验中,作为游戏玩家的研究参与人员必须监控和操纵一个虚拟人物,以防止该虚拟人物哮喘发作;一旦他哮喘发作,游戏玩家就要给他"吃药"。一个虚拟护士则会对游戏玩家在小测验中的作答做出一些反馈。但是,他们的研究结果显示,该游戏并不能帮助儿童增加有关哮喘的知识,也不能改变儿童对于生活质量或者肺功能的感知。以上这些研究都是针对有哮喘的慢性疾病的儿童。也有一些研究人员将使用电脑游戏用在健康的儿童身上。Yawn的研究旨在针对课堂环境中使用电脑游戏的效果。他们发现,那些玩了游戏的儿童有关哮喘的知识增长了,而且增长的知识可以保持四周。一个没有预期到的使用电脑游戏的好处是,有哮喘的儿童非常愿意和他的同伴分享有关哮喘的知识。

Connolly 等研究人员发现,在那些可以揭示电脑游戏的积极作用的领域中,卫生领域是最流行的。在该领域的文献综述也显示出电脑游戏在这个领域的积极作用和潜力。但是,目前还没有一致的结论表明使用电脑可以增加健康儿童有关哮喘的知识。并且,使用电脑游戏进行哮喘教育的追踪研究目前依然缺失。这些都促使研究人员进行本研究。

研究概述

本研究总的目的是为了确定电脑游戏是否是呈现教育内容的一种有效的媒体,以此来为卫生教育领域的知识添砖加瓦。因此,我们设计了本研究,在学校环境中通过追踪的方法来揭示一款电脑游戏密匙追踪(Quest for Code)对于哮喘教育的作用。研究人员将会在本研究中关注知识和态度的变化。本研究所要解决的具体问题是:

1. 在控制已有知识的情况下,玩电脑游戏密匙追踪(Quest for Code)是否会促进儿童关于哮喘知识的增长?

2. 在控制已有态度的情况下,玩电脑游戏密匙追踪(Quest for Code)是否会积极改变儿童对于哮喘的态度?

3. 儿童这些获得的知识和态度是否会保持?

方　法

被试和实验设计

研究人员邀请 317 名来自四个不同中学的学生参与本研究。这些中学生是六年级、七年级或者八年级的学生,年龄在 11 岁到 15 岁之间。因为以下原因,共有 136 名学生最终被排除在研究之外：(1)他们的年龄不到 13 岁，或者他们的家人或本人认为他有哮喘，(2)未从孩子家长那里获得签字的研究知情书。24 名儿童的数据因为丢失而被排除。最终的样本包含 155 名儿童(81 名女孩，74 名男孩)。他们的平均年龄为 14.54 岁，年龄标准差.84。根据人口统计问卷，那些儿童中的绝大多数(90%)都报告说，他们在家玩电脑游戏，有约 40% 的儿童在学校也玩游戏。多于 60% 的儿童喜欢玩电脑游戏，其中 39% 的儿童喜欢电脑游戏，另外 28% 的儿童将电脑游戏视为他们最喜欢的一件事情。53 名儿童报告他们的家族成员里面有人患哮喘，但是也有差不多数量的儿童报告他们不知道家人是否患有哮喘。42 名儿童回答家里没有人得哮喘。所有儿童都是自愿参与研究，没有因为参与研究而获得课程学分、附加分或者其他形式的奖励。

本研究中所操控的自变量是游戏，它有两个水平——实验组和参照组。在实验组里面的儿童会玩一个叫密匙追踪(Quest for Code)的电脑游戏，参照组的儿童会玩一个叫饥饿的红色星球(Hungry Red Planet)的游戏。在每个教室里的儿童会依据提供给研究人员的一个名单被随机分配到实验组和对照组。

本研究的因变量包含知识后测，知识追踪测验，态度后测，态度追踪测验。已有知识和水平是被控制的变量。

电脑游戏

本研究使用了两款电脑游戏：密匙追踪(Quest for Code)和饥饿的红色星球(Hungry Red Planet)。密匙追踪(Quest for Code)被用作干预实验任务，旨在教儿童有关哮喘的知识；饥饿的红色星球(Hungry Red Planet)被用作一个对照组的实验任务，该游戏旨在教玩家儿童有关营养的知识。

密匙追踪(Quest for Code)是一款幻想冒险类游戏。该游戏的受众是 7 至 15 岁的儿童。该游戏包含三层，其受众是 7 至 15 岁的儿童。尽管每一层之间的游戏导航是线性的，但是每一层内的两至三个游戏选项是没有顺序的。这些选项包含在不同情境下选择恶棍，以此来找到引起哮喘的源头。本游戏涉及七个教育内容：哮喘的症状，该病的一些未知秘密，峰值鼻气流量机的使用，控制哮喘的用药，医疗器械，心理社会问题，以及人体肺部的仿真。该电脑游戏中还嵌入了一些有关哮喘的教育短视频。该游戏使用了问答的形式来传达有关哮喘的重要概念，并对于玩家正确的回答予以奖励。玩家会收到以言语形式呈现的对他们选择的回馈，在回答正确一定数目的题目以后，会得到一个密匙。如果玩家因为回答错误太多的题目而不能得到密匙，那么他就需要重新玩那个部分的游戏直至他掌握了这些内容。玩该游戏并不需要阅读能力，因为游戏中的人物以说话的方式向玩家传递信息。该游戏中的虚拟人物通过声音传递信息，声音的录制是由专业演员完成的。另外一些玩家可以得到言语形式的反馈，例如，如果玩家很长时间都没有作答，电脑游戏就会提供诸如"你在等什么？"之类的反馈，或者当玩家选择了一个正确的答案时，游戏提供的反馈是"答案非常正确！"

饥饿的红色星球（Hungry Red Planet）是一个有关营养的幻想类冒险游戏。该游戏的受众是 9 至 15 岁的儿童。该游戏的情境设定在遥远的未来的火星上，而当时地球因为人口过剩而食物短缺。游戏玩家需要为定居者制定营养餐计划，建立可用于遮风避雨和提供食物的定居点并使用定居点，保护庄稼，使其免受异形人的损毁，以及探索该星球新的领域。该游戏中营养餐的计划制定包含从食物金字塔中拖拽食物来制定早餐、中餐和晚餐。随着食物被加到营养餐中，游戏中会呈现一个显示目前营养成分的图。当所有任务都完成时，所有类别都会显示绿色的条形柱。健康的食物选择可以阻止异形人进攻定居点，还会给玩家新增一些用于建造定居点的工人。游戏中一年的总结列表会显示这个星球的成功之处以及问题。这可以给玩家在继续玩游戏（继续下一年）之前纠正问题的机会。

测量工具

包含八道题的人口统计问卷被用来获取儿童的年龄、性别、玩电脑游戏的经历以及他们有关哮喘的经历。除了年龄，其他题目都不是开放题。

哮喘知识测验是由某基金会提供的。七道测验题也分别对应了游戏中的七个部分。鉴于该测验被用于没有哮喘疾病的健康儿童，有关的文字做了较小幅度的修改。例如，将原题"你感到无法呼吸，你会怎么办？"改为"Rachel 感到她无法呼吸，她该怎么办？"

依据提供的测试题，研究人员将进行两个测验。每份测验都包含 34 道题目，题目类型丰富多样，包含选择题、对错题等一系列的问题类型。一份测验是选取基金会提供的测试题中的奇数题号的题目，而另外一份测验则是选择的偶数题号的题目。这两份测验题目分别用于前后测。研究人员采取随机分配的方法来决定后测使用哪份测验。测验的评分方法是不存在半分计分方式的，即要么对得分，要么错不给分。因此，哮喘知识测验分数的最大值为 34 分。

哮喘态度问卷是在 Gibson，Henry，Vimpani 和 Halliday（1995）开发的测量工具的基础上开发的。它包含呈现在 6 点利克特量表上的 15 个陈述，"1"代表非常同意，"6"代表非常不同意。这些问题旨在测量对于哮喘的容忍度、控制轨迹等内容。这些试题都经过交叉科学的管理团队进行了效度验证，并在实验之前在一所学校进行了干预实验。每个人的态度分数计算是取他在 15 道题上的平均数。

实验流程

本研究在四所参与学校的计算机实验室进行。每名学生都会被分配到一台电脑，这台电脑上会事先安装他们被分配所要玩的某个电脑游戏。参与研究的学生在玩游戏的时候都佩戴耳机，以便他们能听到游戏中的声音，并能够降低外部环境对他们的干扰。这些学生参与实验是他们课程的一部分。本研究的流程要求学生首先在第一周完成一个前测，其中包括人口统计问卷、知识测验和态度问卷，然后在第二周和第三周玩密匙追踪和饥饿的红色星球。第四周，学生们将进行后测，其中包括知识测验和态度问卷。后测过后的四周（即第八周），学生们完成追踪测验，其中包括知识测验和态度问卷，以此来确定知识是否有增长，态度是否有变化。本研究总共花费八周时间完成，学生们需要参与五个环节，每个环节需要 45 至 55 分钟。

研 究 结 果

本研究采用偏 η^2 作为效应量的指标。.01，.06 和 .14 是偏 η^2 小、中、大的临界值（Cohen，1988）。

哮喘知识

研究人员采用了独立样本 t 检验来评估学生在参与研究之前的已有知识是否有显著差异。统计结果表明，被随机分配到密匙追踪和饥饿的红色星球的学生在已有知识上没有显著差异，$t(153) = .05，p = .96$。

研究人员接下来使用了协方差分析来比较在实验组和对照组里的学生在哮喘知识后测分数上是否有显著差异，协方差分析的协变量是已有知识水平。统计结果显示实验组的学生哮喘知识后测的分数显著高于对照组，$F(1,152) = 21.43，p < .001$，partial$\eta^2 = .12$。

研究人员还使用了协方差分析比较实验组和对照组在追踪测验分数上是否有显著差异，其中协变量是已有知识水平。统计结果显示，实验组的学生在追踪测验上的分数显著高于对照组，$F(1,152) = 10.43, p = .002, \text{partial}\eta^2 = .06$。

对哮喘的态度

研究人员采用了独立样本 t 检验来评估学生在参与研究之前的已有态度否有显著差异。统计结果表明，被随机分配到密匙追踪和饥饿的红色星球的学生在已有态度上没有显著差异，$t(153) = .47, p = .30$。

研究人员接下来使用了协方差分析来比较实验组和对照组里的学生在态度后测分数上是否有显著差异，协方差分析的协变量是已有态度。统计结果显示实验组的学生态度后测的分数显著高于对照组，$F(1,152) = 4.06, p = .05, \text{partial}\eta^2 = .03$。

研究人员还使用了协方差分析比较实验组和对照组在追踪测验的态度评分上是否有显著差异，其中协变量是已有态度。统计结果显示，实验组的学生在追踪测验上的态度评分显著高于对照组，$F(1,152) = 7.81, p = .006, \text{partial}\eta^2 = .05$。

讨　论

本研究的目的有两个：一是确定密匙追踪这款电脑游戏会帮助健康的中学生增长有关哮喘的知识，同时会促进他们对哮喘的态度；二是健康中学生获得的有关哮喘的知识和态度是否会保持。本研究的结果将会帮助大家更好地了解电脑游戏对中学生进行健康教育的作用。

在控制已有知识的情况下，玩电脑游戏密匙追踪是否会促进儿童关于哮喘知识的增长？ 本研究发现对于玩密匙追踪的学生来说，他们有关哮喘的知识有明显的增长，而且该效应很大。该结果是通过比较玩密匙追踪的学生以及没有玩该款电脑游戏的同伴的知识后测分数来揭示的。该研究结果更加证明了基于游戏的学习的有效性。目前的基于游戏的学习的相关研究主要聚焦于患有哮喘的儿童或者非哮喘的领域（Jalink et al. , 2014; Shegog et al. , 2001）。本研究将电脑游戏的积极作用拓展到了一个具体领域和一个特定的人群，即健康中学生的哮喘教育。本研究的结果也和一部分之前的研究结果一致，例如 Yawn et al. （2000）。

在控制已有态度的情况下，玩电脑游戏密匙追踪是否会积极改变儿童对于哮喘的

态度？ 目前文献中，电脑游戏对态度改变有作用的研究主要是问卷调查类研究以及使用的娱乐游戏，很少有显示电脑游戏效应的控制研究（Connolly et al.，2012）。本研究显示，玩密匙追踪这款电脑游戏的学生，他们对于哮喘的态度会更加积极，这对该领域目前的相关知识作出了贡献。本研究的实践意义是，教师和其他教育者可以考虑引用电脑游戏的优势，来促进健康儿童对哮喘的认知和态度。另外，本研究很可能会帮助患有哮喘的儿童，使得他们感到获得支持和帮助，提升他们的生活质量，这也是目前其他研究没有做到的。

儿童这些获得的知识和态度是否会保持？本研究中，研究人员在后测结束的四周以后进行了追踪测量，获得他们知识和态度的情况。研究结果显示，密匙追踪所带来的益处在四周以后还能保持。之前的元分析结果表明，只有在多次学习的情况下，电脑游戏学习才有效。本研究的结果也支持了这一结论。另外，本研究的结果揭示了电脑游戏可以使健康儿童对哮喘的知识得以保持，这也和先前一些实证研究的结果一致。本研究对于教育的意义在于，玩电脑游戏不仅可以帮助健康儿童获得知识和态度，而且在实验干预很长一段时间里他们获得的知识和态度都会保持。

本研究也有一些局限性。第一，由于一些因素，研究人员无法实施一个没有游戏的实验条件，这可能会影响本研究得出结论的效度。第二，研究人员没有包含患有哮喘的儿童。因此，本研究无法比较健康儿童和哮喘儿童，也无法比较儿童有关哮喘看护行为的改变。第三，每次玩游戏的时间是由课程的时间决定的，通常在45分钟至55分钟左右，具体时间取决于参与研究的学校。因此，对于参与研究的不同学校而言，干预时间会有稍微的不同。未来研究可以考虑针对哮喘儿童，并在不同情境中实施更严谨的控制实验。

总的来说，教育从业者应该考虑设计、开发并应用计算机游戏，以此来促进中学生获得相关知识和态度。

参考文献

Boyle, E. A., Connolly, T. M., Hainey, T. & Boyle, J. M. (2012). Engagement in digital entertainment games: A systematic review. *Computers in Human Behavior*, *28*, 771–780.

Carifio, L., & Perla, R. (2008). Resolving the 50 year debate around using and misusing Likert scales. *Medical Education*, *42*, 1150–1152.

Cohen, J. (1988). *Statistical power analysis for the behavioral sciences* (2nd ed.). Hillsdale, N. J.: L. Erlbaum Associates.

Connolly, T. M. , Boyle, E. A. , MacArthur, E. , Hainey, T. , & Boyle, J. M. (2012). A systematic literature review of empirical evidence on computer games and serious games. *Computers & Education*, *59*(2),661 - 686.

Gibson, P. , Henry, R. , Vimpani, G. , & Halliday, J. (1995). Asthma knowledge, attitudes and quality of life in adolescents. *Archives of Disease in Childhood*, *73*,321 - 326.

Huss, K. , Winkelstein, M. , Nanda, J. , Naumann, P. l. , Sloand, E. , & Huss, R. (2003). Computer game for inner-city children does not improve asthma outcomes. *Journal of Pediatric Health Care*, *17*, 72 - 78.

Jalink, M. B. , Goris, J. , Heineman, E. , Pierie, J-P. E. N. , & Hoedemaker, H. O. C. (2014). The effects of video games on laparoscopic simulator skills. *American Journal of Surgery*, *208*, 151 - 156.

Ke, F. (2009). A qualitative meta-analysis of computer games as learning tools. In R. E. Ferdig (Ed.), *Handbook of research on effective electronic gaming in education* (Vol. 1, pp. 1 - 32). Hershey, PA: Information Science Reference.

Lieberman, D. A. (2001). Management of chronic pediatric diseases with interactive health games: Theory and research findings. *Journal of Ambulatory Care Management*, *24*(1), 26 - 38.

Mayer, R. E. (2014). *Computer games for learning: An evidence-based approach*. Cambridge, MA: MIT Press.

Norman, G. (2010). Likert scales, levels of measurement and the "laws" of statistics. *Advances in Health Sciences Education*, *15*,625 - 632.

Primack, B. A. , Carroll, M. V. , McNamara, M. , Klem, M. L. , King, B. , Rich M. , Chan, C. W. , & Nayak S. (2012). Role of Video Games in Improving Health-Related Outcomes: A Systematic Review. *American Journal of Preventive Medicine*, *42*(6),630 - 638.

Randal, J. , Morris, B. , Wetzel, C. , & Whitehill, B. (1992). The effectiveness of games for educational purposes: A review of recent research. *Simulation & Gaming*, *23*(3),261 - 277.

Rubin, D. , Leventhal, J. , Sadock, R. , Letovsky, E. , Schottland, P. , Clemente, I. , & McCarthy, P. (1986). Educational intervention by computer in childhood asthma: A randomized clinical trial testing the use of a new teaching intervention in childhood asthma. *Pediatrics*, *77*(1),1 - 10.

Shames, R. , Sharek, P. , Mayer, M. , Robinson, T. , Hoyte, E. , Gonzalez-Hensley, F. , et al. (2004). Effectiveness of a multicomponent self-management program in at-risk, school-aged children with asthma. *Annals of Allergy*, *Asthma*, *& Immunology*, *92*,611 - 618.

Shaw, S. , Marshak, H. , Dyjack, D. , & Neish, C. (2005). Effects of a classroom-based asthma education curriculum on asthma knowledge, attitudes, self-efficacy, quality of life, and self-management. *American Journal of Health Education*, *36*,140 - 145.

Shegog, R. , Bartholomew, L. , Parcel, G. S. , Sockrider, M. , Masse, L. , & Abramson, S. (2001). Impact of a computer-assisted education program on factors related to asthma self-management behavior. *Journal of the American Medical Informatics Association*, *8*(1),49 - 61.

Vogel, J. J., Vogel, D. S., Cannon-Bowers, J., Bowers, C. A., Muse, K., & Wright, M. (2006). Computer gaming and interactive simulations for learning: A meta-analysis. *Journal of Educational Computing Research*, *34*, 229 - 243. doi: 10. 2190/FLHV - K4WA - WPVQ - H0YM.

Wouters, P., van Nimwegen, C., van Oostendorp, H., & van der Spek, E. D. (2013). A meta-analysis of the cognitive and motivational effects of serious games. *Journal of Educational Psychology*. *105*(2), 249 - 265. http://dx. doi. org/10. 1037/a0031311.

Yawn, B., Algatt-Bergstrom, P., Yawn, R., Wollan, P., Greco, M., Gleason, M., et al. (2000). An in-school CD - ROM asthma education program. *Journal of School Health*, 70 (4), 153 - 159.

第十五章 研究案例七：教育游戏调查

引　言

在过去的几十年中，使用电脑游戏用作学习、健康干预、社会意识以及其他领域已经成为研究和实践中一个重要的兴趣和关注点所在。但是，目前对于游戏的特征以及具有愉悦经验的玩家的特征的详细实证研究还十分缺乏。对于使得电脑游戏好玩的核心设计要素目前已经可以确认了（Quick & Atkinson, 2011）。同样，影响游戏玩家对游戏的感知的个人特征也是可以通过实证研究确定的。但是，这些研究都是仅仅注重电脑游戏或者玩家一个方面，较为孤立。本研究将把游戏设计和游戏玩家的感知结合在一起研究。将游戏设计和游戏玩家的感知串联起来考虑非常重要，因为两个都是游戏体验不可分割的部分。将两者结合起来的实证研究可以帮助游戏设计者、教育者以及其他相关人员系统地设计出更多有效的电脑游戏体验。

过往游戏设计和玩家分类

过去的几个主要基于专业体验、观察和理论的分类可以用来描述游戏设计和游戏玩家。一个比较流行的对于游戏玩家的分类是由游戏设计师 Richard Bartle 于 1996年提出来的。他将那些文本多玩家地牢游戏玩家分为：着迷于获得游戏积分和升级的玩家；搜寻、探索并去理解游戏世界的机制的探险者；对人与人之间的交互感兴趣的社交者；将自己的邪恶想法投射于别人的杀手。Squire 和 Steinkuehler（2006）在观察了一款大众多人在线角色扮演游戏的玩家以后也做出了类似的分类，他们建议，游戏玩家可以分成着迷于通过练级的升级达人和对于保持游戏世界中的虚幻着迷的角色扮演者。Bateman 和 Boon(2006)将游戏玩家分为攻克者、管理者、漫游者和参与者,而 Klug 和 Schell(2006)将玩家分为竞争者、主导者、故事讲述者、表演者和手工艺者。Heeter 等人(2011)使用学习理论将之前研究人员的研究结果结合起来,将玩家风格和学习风格有机整合在一起,形成了一个 13 类玩家类型的分类。这些对于玩家的分类都是处于经验的水平,都没有经过实证的充分验证。

LeBlanc 等研究人员尝试用一个叫做机械、动态和情感(Mechanics, Dynamics and Affects, MDA)的理论框架来全面地描述电脑游戏设计。这个框架使用了八个术语来描述游戏有趣的因素,它们分别是感觉、幻象、叙述、挑战、伙伴关系、发现、表达和服从(Hunicke, LeBlanc & Zubek, 2004)。尽管这个理论框架所提出来的游戏设计和术语对于定义游戏的有趣程度具备很多优势,但它也没有经过实证研究的验证。

在机械、动态和情感这个理解框架的基础上,Winn(2008)提出了一个专门针对非娱乐功能的教育游戏设计的框架,叫做设计、玩和体验(Design, Play, and Experience)。这个框架扩展了前人的理论,因为他提出了另外几个可以在游戏中获得趣味的方法,例如通过竞争、身体活动、利他主义和学习。但是,这个框架和之前的那些理论框架一样,虽然对游戏设计来讲非常相关,非常实用,但它也没有通过实证研究来证明。

事实上,过去有几项研究提出了在非常具体的领域中的游戏设计,这几项研究是通过实证方法获得的。Yee(2006)做了一次针对 3 000 名大众多人在线角色扮演游戏玩家的问卷调查,调查问卷的 40 项题目是基于 Bartle1996 年的研究成果编制而来的。收集数据以后进行因素分析,他的结论是,对于大众多人在线角色扮演游戏玩家来说,他们现在玩游戏的动机可以分成以下几个成分:成就、社交和沉浸。这些动机成分非常具有启发性,而且对于大众多人在线角色扮演游戏的具体研究有潜在的应用性,但是对于其他玩家的动机来说,这项研究结果就可能无法完全解释或者根本不成立。

Wood, Griffiths, Chappell 和 Davies(2004)试图通过研究来确认吸引玩家并且使得他们持续玩游戏这样的动机的游戏特征。他们询问了那些自我确认为游戏玩家的人,让他们报告对于他们来说让他们感到愉悦的游戏设计的特征的重要性。每一个设计特征都属于一个类别,例如声音、图像,或者游戏人物开发。研究人员将结果以一个特征一个特征的形式报告,而不是以形成分类的形式报告。King, Delfabbro 和 Griffiths(2010)在结构性特征这个概念的基础上进行了扩充,并提出了电脑游戏设计特征的五因素分类。这个分类包含社交、控制、叙述和身份、奖赏和惩罚以及呈现。之后，Westwood 和 Griffiths(2010)将这个分类应用于一项研究中，这个研究包含 40 名极为热衷于游戏的玩家，他们每周玩电脑游戏的时间平均为 11.5 小时。他们最终形成了六种游戏玩家类型的定义：受故事驱动的单机游戏玩家、社交玩家、单一有限玩家、发烧友级在线游戏玩家、控制类单一游戏玩家以及随机玩家。

Wood(2004)的研究工作为之后研究电脑游戏的结构特征奠定了基础，King 等研究人员以及 Westwood 和 Griffiths 之后的研究工作在这方面取得了令人瞩目的成绩。但是，至今为止，这条研究主线仅仅聚焦于那些将自己的大量时间用于游戏的玩家。为了对游戏设计的理解更广，我们可以预见可能只会有一部分的游戏玩家和以上研究的对象一样。但是，对于不同的游戏玩家来说，游戏体验和游戏投入度有很大的不同，特别是考虑到越来越流行的社交网络和移动端游戏。

尽管以上描述的游戏分类在一些具体的情境中是十分有价值的，但是它们都偏向聚焦于特定的游戏玩家群体或者特定的游戏类型，因此很可能会限制这些研究结果的通用性。另外，之前有关游戏设计和玩家类型的研究显示目前学术界并未太多考虑中等程度游戏玩家、轻度的游戏玩家和非游戏玩家。另外，很多过去的游戏分类没有充分的实证研究支持或甚至没有实证研究的支持。因此，这些分类的效度和全面性很令人怀疑。

本研究旨在提供可应用于一系列游戏玩家的实证研究。一系列游戏玩家不是仅仅指游戏的狂热追求者或者是某一个/类游戏的专业玩家，而是包含所有潜在的玩家，因为当我们考虑游戏设计，特别是在学习情境中的游戏设计的时候，聚焦所有潜在的玩家很重要(Heeter, Lee, Magerko & Medler, 2011)。这样，游戏设计就能更加符合受众要求，让玩家有更好的体验。

为了达到这样的研究目的，我们选择了 18 种电脑游戏特征来测量玩家的游戏偏好。这 18 种设计特征包括了图像风格、游戏世界设置、角色扮演、合作和竞争机会以及游戏活动等。

测量人格

Cattell(1950)给人格下了一个定义："人格可以预测一个人在一个特定环境中会怎么做"。结合本研究的目的，人格可以认为是一系列能够解释一个人感知电脑游戏体验的个体特征。五因素模型是本研究测量人格的基础。在漫长的研究基础上，五因素人格模型以一个人格的单因素模型建立起来，该模型将人类的人格分为五类：神经质（Neuroticism）、外向型（Extraversion）、开放型（Openness to Experience）、尽责型（Conscientiousness）和宜人型（Agreeableness）（McCrae & John，1992）。

1999 年，Goldberg 通过建立一个包含了上千道有关人格研究试题的公共域名，开始了国际人格项目库的研究。之后，Goldberg 又开发了 300 道试题来测量五因素人格，并提出了 30 个人格的子领域。这就是大家所知道的 NEO-国际人格试题库。之后 Johnson（2001）又形成了 120 题版本的 NEO-国际人格试题库，它与之前的人格测试有一样的信度和效度，因此被广泛认为是测量五因素人格最有效和最可靠的商业测量工具。鉴于 120 题版本的 NEO-国际人格试题库获得比较方便，已有统计记录被证明很好，因此本研究选取了这个版本的测试题作为测量人格的起点。总的问卷题目数量不允许本研究包含所有 120 道题，因此，本研究选取了代表 15 个人格子特征的 60 道题。

尽管目前没有公认的对于五因素人格以及其子特征的定义，本研究中包括的 15 个人格子特征可以基于它们的试题来描述。以下是这 15 个人格子特征：

努力获得型：非常努力地工作，并超过预期（尽责型）

活动型：生活非常忙碌，几乎没有空余时间（外向型）

利他主义型：注重帮助别人和别人的感受（宜人型）

愤怒型：发脾气或者非常容易生气（神经质）

独断型：控制事情和领导其他人（外向型）

合作型：保持愉悦的个性并且避免冲突（宜人型）

顺从型：告知真相，恪守规则，信守诺言（尽责型）

情绪型：经历强烈的情绪并且理解其他人的情绪（开放型）

追求刺激型：在鲁莽的、狂野的、冒险的活动中感到愉快（外向型）

群居型：喜欢和别人在一起，喜欢和一大群人在一起，喜欢和很多人讲话（外向型）

想象型：在生动的幻想中感到开心并且思绪沉浸其中（开放型）

道德型：对作弊和利用别人感到厌恶（宜人型）

自我意识型：和陌生人在一起、被关注时或者一些困难的社交场合下觉得不自在（神经质）

自我约束型：时刻准备实施计划（尽责型）

自我效能型：相信某人优秀地完成任务的能力（尽责型）

人格和游戏偏好的关系

目前仅有有限数量的研究是旨在解决人格和电脑游戏偏好的关系这个问题的。那些已经涉足这个关系的研究并没有充分关注人格和游戏这两个结构，因此，这些研究很难应用到实践中。例如，一项包含了 314 名游戏玩家的在线调查表明，竞争和挑战是游戏愉悦中最重要的特征（Vorderer，Bryant，Pieper & Weber，2006）。但是，Vorderer 等人也指出，研究人员目前还未清楚地界定挑战和竞争对于电脑游戏玩家意味着什么以及为什么这两者如此重要。

目前，缺乏具体的说明在游戏和人格方面的研究非常普遍。Hartmann 和 Klimmt（2006）对现有的有关人格和电脑游戏选择的相关文献进行了综述。他们先是举出了几个不显著的研究作为个案，这些研究都是用广义上的人格特质来预测普遍的电脑游戏选择。研究人员的结论是，建立在多元理论模型上的那些假设人格因素相互关联的实证研究，对于解释如电脑游戏选择这样一个高度具体领域的行为应该非常有用。因此，作为对于过去使用电脑游戏作为一种单一的简单的形式的干预来说，强调区分纷繁复杂的游戏类型就十分重要了。另外，Hartmann 等人也呼吁研究人员更多地关注那些包含更具体细节的人格和偏好的电脑游戏的研究。

本研究旨在提供能够得到有用的和有实际意义的有关游戏玩家人格特质和他们游戏偏好关系的结果。通过使用 60 道测量五因素模型的 15 个子特质的题目来实现对人格深入的研究。这和传统的仅仅使用大五特质或者缩略版的测量工具来测量任何造成信度和效度的受损是不同的。本研究充分考虑到电脑游戏偏好的复杂性和多样性，因此采用了 18 个特征来组成不同的游戏类别。基于此，本研究将在前人研究工作的基础上，来建立电脑游戏和人格的认识，从而来响应需要更多具体实证研究的号召。

游戏研究的整体观点

在《一场漫不经心的革命》这本书中，Jesper Juul 是这样描述学术界研究电脑游戏的趋势的：学者将从以玩家为中心的角度或者以游戏为中心的角度来研究。那些从以玩家为中心这个视野出发的研究人员一般关注于游戏玩家是怎样玩游戏的，他们为什么玩游戏，但是忽略了游戏设计会影响玩家的感觉这一点。那些从以游戏为中心这个视野出发的研究人员一般关注于游戏设计方法，但是忽略了玩家特征对于游戏体验的影响。本研究从一个整体的角度出发，将设计特征和玩家特性结合在一起来看电脑游戏愉悦体验这个问题，是在这方面的一个初探。从该角度出发，我们预计，研究将会得到一个更完整、更有目的性的对于游戏和玩家的理解。

本研究旨在解决以下研究问题：

● 哪些游戏设计特征的潜在类别会影响游戏玩家的愉悦？

● 依据玩家的电脑游戏设计特征偏好和人格特质，有哪些潜在的玩家类型可以被区别？

方　法

研究参与者

本研究从美国西南部的一所大型公立大学采集了一共 293 名本科生的问卷反馈。这些人的年龄范围在 18 至 61 岁，中位数为 21。另外，81％的人的年龄在 18 至 26 岁之间。性别方面，有 64％的女性和 36％的男性。涵盖了本科阶段的所有年级，其中 36％为三年级的本科生，25％为二年级本科生，22％为四年级本科生，16％为一年级本科生。这些研究参与者来自多个专业，包含教育、心理、文学、历史、外国语言、生物、化学、商学和传播。这些人是在一门大学通识课程所要求的计算机文化基础课程上招募来的。他们参与本研究是为了获得课程所需的学分。

流程

在线问卷是使用 SurveyMonkey 来散发到潜在的研究参与者的。在正式实施调查之前，该问卷由 16 名研究参与者进行了预实验。之后，对问卷进行了一些修改，以便使它表达得更清晰。所有问卷数据是在 2010 年下半年的三个月里完成的。

测量工具

本研究中所使用的问卷由三部分组成，第一部分旨在测量人格特质，第二部分测量电脑游戏偏好，第三部分测量电脑游戏习惯。另外，每名研究参与者还报告自己的年龄、性别、大学年级以及所学专业。

人格部分询问受访者 60 个描述他们作为一个人的陈述的准确性。这些陈述是通过 5 点尺度评分的，1 代表非常不准确，5 代表非常准确。这些陈述是从 Johnson 2001 年版本的 120 个人格测试题中选取出来的。所有 Johnson 2001 年版本的测试题以及他们相对应的人格子特质都通过研究人员分析，并最终选取了研究人员认为和电脑游戏偏好最相关的题目。这选取出来的 60 道测试题体现了 15 个任何子特质中的一个，每个子特质有 4 道题。以下是三个样题：

- 强烈地体会到我的情绪
- 寻求探索
- 形成一个生动的幻想

电脑游戏偏好部分包含了 18 道题，这些题目要求研究参与人员对让他们感到愉悦的电脑游戏设计特征进行打分。这些题也是五点评分的，1 代表根本不重要，5 代表必需的特征。以下是三个样题：

- 游戏被设定在一个虚幻的世界。
- 游戏包含必须攻克的具有挑战性的难关。
- 游戏可以让我和其他人一起在线玩。

电脑游戏习惯部分包含了旨在揭示玩游戏趋势的一些题目。具体来说，研究参与人员通过自我报告他们每周玩游戏的小时数、每次玩游戏的时间长度、总体游戏技能水平、和其他人一起玩游戏的偏好、游戏平台的使用以及偏好的类型。以下是三个样题：

- 您每周花费多少时间在玩电脑游戏上面？
- 总的来说，您认为您玩游戏的水平有多高？
- 您最喜欢玩哪一类型的电脑游戏？

数据分析

研究人员进行了两大主要的数据分析来回答本研究旨在解决的科学问题。第一，为了搞清楚影响玩家游戏愉悦程度的游戏设计元素，研究人员进行了因素分析；第二，为了辨别出潜在的玩家类型，研究人员对游戏设计元素和玩家人格特质进行了聚类分析。这些分析共同揭示了电脑游戏偏好和人格特质之间的关系。

研 究 结 果

电脑游戏偏好因素分析结果

主轴因素分析被用在有 18 道题目的电脑游戏偏好的问卷上。数据包含 293 名研究参与人员。此分析的目的是为了得出一个简洁的、概念清晰的、合理的因素。为了得到比较实际的和可以解释的因素结果，研究人员采用了 Direct Oblimin 这种斜交旋转方法。另外，采用斜交旋转方法得到的因素之间存在相关，这和现实世界中的游戏特征的预想是一致的。被抽取的潜在的因素通过 Latent root criterion（Kaiser, 1960），陡坡图（Cattell, 1966），以及目前已知的文献决定，具体请见表1。之前的初步研究显示，结果可能是六因素的结构（Quick & Atkinson, 2011），但是 Latent root criterion 显示潜在因素为五个，而陡坡图显示潜在因素为五至七个（见图1）。因此，研究人员推敲了五因素、六因素和七因素的结果，认为五因素和七因素的结果中，有交叉负载的因素结构，并且难于解释因素。所以，最终，研究人员确定了六因素的结构，它既简洁，又可以清晰显示潜在的因素结构。

表 1　各试题两两之间的相关系数

	4	5	8	11	12	13	15	16	17	18	19	20	21	22	23	27	28	33
4	—																	
5	.22	—																
8	.11	.10	—															
11	.07	.30	—.18	—														
12	.57	.42	.04	.27	—													
13	.23	.13	.04	.28	.39	—												
15	.20	.29	.10	.22	.34	.34	—											
16	.23	.34	.11	.20	.39	.25	.56	—										
17	.18	.27	.14	.18	.27	.27	.52	.70	—									
18	.17	.21	—.01	.27	.19	.44	.26	.23	.25									
19	.16	.42	.15	.24	.22	.18	.35	.54	.49	.30	—							
20	.31	.54	.00	.30	.44	.20	.34	.37	.27	.30	.36	—						
21	.17	.48	.07	.31	.34	.27	.36	.44	.32	.34	.40	.57	—					
22	.23	.26	.08	.20	.25	.49	.28	.24	.23	.45	.27	.32	.40	—				
23	.7	.22	.19	.14	.26	.43	.69	.42	.48	.27	.34	.23	.27	.49	—			
27	.13	.30	—.24	.55	.35	.22	.17	.20	.15	.31	.20	.51	.39	.20	.10	—		
28	.33	.27	.10	.30	.39	.42	.57	.44	.53	.27	.36	.36	.39	.30	.63	.37	—	
33	.30	.50	.13	.26	.46	.29	.32	.55	.45	.31	.61	.40	.43	.35	.34	.24	.44	—

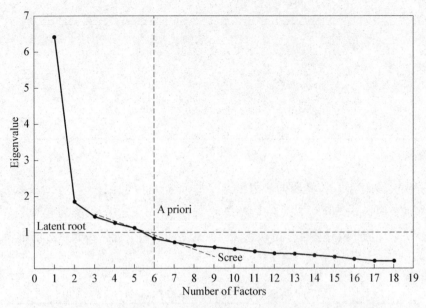

图 1　Latent root criterion，陡坡图和已知文献显示的因素个数

这样的因素分析的结果得到了一个包含六因素的简单结构，每个因素包括两到四个试题。每个负载的值在 .43 至 .95 之间，具体请见表 2。

表 2　六因素结构

变量	描述	梦幻	探索	逼真	陪伴	挑战	竞争
16	其他物种	.71					
17	梦幻世界	.68					
19	其他性别	.68					
33	其他种族	.60					
23	寻找隐藏的东西		.84				
15	收集东西		.71				
28	探索不熟悉的地方		.54				
12	3D 图像			.95			
4	逼真图像			.60			
27	和朋友一起玩				.81		
11	多于一个玩家				.59		
8	单人玩家				-.44		
22	难以精通					.66	
13	具有挑战性的难关					.58	

续　表

变量	描述	梦幻	探索	逼真	陪伴	挑战	竞争
18	高分					.53	
20	在线玩						.57
5	遇见新朋友						.52
21	公开展示技能						.43

　　除了一道试题以外，试题的公因子方差 communality 的值在.39 至.92 之间。这道试题的公因子方差值为.20。但是研究人员还是保留了这道题，因为它对定义和解释它所关联的因子有重要的作用和意义。因素之间的相关属于小到中等的范围之内（.10 至.50）。具体见表 3。

表 3　六因素的相关矩阵

	梦幻	探索	逼真	陪伴	挑战	竞争
梦幻	—					
探索	.50	—				
逼真	.37	.33	—			
陪伴	.24	.16	.34	—		
挑战	.26	.38	.29	.22	—	
竞争	.35	.10	.30	.30	.23	—

　　此六因素模型叫以解释电脑游戏偏好中 58% 的变异（variance），每个因素的贡献在 7% 至 13%。所有因素分析都是通过 R 来进行的，因素负载通过使用 psych 包中的 fa 函数得到（Revelle，2011）。

　　这六个因素代表了一个可以操控的游戏设计特征，这些特征可以影响大学生游戏玩家的愉悦程度。每个因素下的各道题代表了主要设计特征里面的具体方面。在综合考虑因素所属的题目、负载以及游戏设计领域的标准术语的情况下，研究人员对因素做了目前本文中的命名。以下将对这六个因素逐个描述。

　　第一个因素包含四道题，可以解释电脑游戏愉悦的 13% 的变异。该因素被命名为梦幻，代表梦幻世界情境中的愉悦以及扮演为玩家所体验不到的物种、种族和性别。

以下括号中的数字是因素的负载。

- 游戏可以让我扮演不是我自己的一个物种的角色。(.71)
- 游戏设定在一个梦幻世界。(.71)
- 游戏可以让我扮演一个不是我自己的种族的角色。(.71)
- 游戏可以让我扮演一个不是我自己的性别的角色。(.71)

第二个因素包含三道题，可以解释电脑游戏愉悦的 12% 的变异。该因素被命名为探索，代表在搜索隐藏的东西、收集东西以及探索不熟悉的地方的愉悦。

以下括号中的数字是因素的负载。

- 游戏可以让我搜索隐藏的东西。(.84)
- 游戏可以让我收集东西。(.71)
- 游戏可以让我探索不熟悉的地方。(.54)

第三个因素包含两道题，可以解释电脑游戏愉悦的 9% 的变异。该因素被命名为逼真，代表逼真、三位图像的愉悦。

- 游戏的一大特征就是三维图像。(.95)
- 游戏的一大特征就是逼真的图像。(.60)

第四个因素包含三道题，可以解释电脑游戏愉悦的 9% 的变异。该因素被命名为陪伴，代表和朋友以及多人玩家一起玩游戏的愉悦。值得注意的是，第三题的负载为负值，这说明对于担任游戏的偏好和该因素呈负相关。

- 游戏可以让我和朋友玩。(.81)
- 游戏需要不止一个玩家。(.59)
- 游戏要求只能一个玩家。(−.44)

第五个因素包含三道题，可以解释电脑游戏愉悦的 8% 的变异。该因素被命名为挑战，代表精通较难的游戏、攻克游戏中的难关以及竞争得高分的愉悦。

- 游戏很难精通。(.66)
- 游戏包含必须要攻克的具有挑战性的难关。(.58)
- 游戏可以让我去竞争得高分。(.53)

第六个因素包含三道题，可以解释电脑游戏愉悦的 7% 的变异。该因素被命名为竞争，代表和其他人在线玩游戏、通过游戏遇见新朋友以及公开表现自己的技能的愉悦。

- 游戏可以让我和其他人在线玩。(.57)

- 游戏给我遇见新朋友的机会。（.52）
- 游戏可以让我公开表现自己的技能。（.43）

电脑游戏偏好和人格的聚类分析结果

研究人员使用聚类分析来回答本研究的三个主要问题。第一，聚类分析可以得到基于人特质和电脑游戏偏好的实证数据的游戏分类。第二，该数据分析可以将参与研究的人员分成几个不同的又能很好辨别的群体，这样可以减少人格和电脑游戏偏好的变量。第三，该分析能够显示人格特质和电脑游戏偏好之间的关系，这也是本研究所要达到的目标。所有 293 名参与研究的人员都被包含进了聚类分析里面。根据 21 个描述他们电脑游戏偏好和人格特质的变量，他们被聚在了一起。梦幻、探索、逼真、陪伴、挑战和竞争这六个影响玩家游戏愉悦程度的设计特征被作为聚类分析的变量包含了进来。另外，努力获得型、活动型、利他主义型、愤怒型、独断型、合作型、顺从型、情绪型、追求刺激型、群居型、想象型、道德型、自我意识型、自我约束型、自我效能型这 15 个人格特征也被作为变量包含进了聚类分析里面。

具体来说，研究人员采用了欧氏距离（Euclidean distance）的分层凝聚聚类分析来处理数据，选择 Ward 关联方法，使得数据可以产生均匀的大类。以类内总的平方和的增加作为量化指标的异质百分比的变化，是决定停止下一个聚类并形成最优化个数的聚类的标准。另外，实践意义也考虑了进去。例如，考虑到样本的大小以及使用的变量的个数，多于十个类的结果可能就不太有意义，每个类中也不会有足够的人。还有，少于三个类对于研究关系来说也没有太大的意义。因此，研究人员预期，包含三到十个类的结果是可以接受的。最后，另外多个聚类的方法和结果在形成结论之前也考虑过了。所有分析都通过 R 来完成，使用 stats 包中的 hclust 函数完成。

最终研究人员决定最优的结果是六个类。为了报告结果和诠释结果方便，研究人员将矩心变量分数标准化了。具体请见表 5。为了解释聚类分析的结果，研究人员需要考虑每个类的个体属性以及类与类之间的差异。值得注意的是，在表中每个类中标准化的人格数值已经被标出了，以此来显示每个类相对于其他类独特的特征。因此，这些值不能被误解成孤立的高分或者低分的原始分。另外相关的变量，玩电脑游戏的习惯这个变量，没有包含在此聚类分析里面，但被用于进一步分析各群体以便来支持它们的效度。

表 4 类矩心游戏偏好和人格变量

变量	顺从陪伴	外向逼真陪伴	内向逼真探索者	尽责陪伴	内向的追求挑战逼真者	冷静的寻求挑战陪伴
梦幻	− 1.10	− 1.47	0.11	− 0.93	− 1.06	− 1.00
探索	− 0.29	− 0.38	0.70	− 0.04	0.36	− 0.60
陪伴	1.53	1.18	− 0.43	1.36	0.08	1.61
竞争	− 1.00	− 0.64	− 1.62	− 1.35	− 1.34	− 0.70
逼真	0.46	0.76	1.30	0.49	1.06	− 0.05
挑战	0.40	0.55	− 0.05	0.46	0.91	0.75
努力获得	0.62	0.92	− 0.03	0.94	0.63	0.68
活动	− 0.69	− 0.32	− 0.61	0.11	− 0.80	− 0.31
利他主义	0.89	0.79	1.03	0.65	0.91	1.00
愤怒	− 1.77	− 2.46	− 0.49	− 2.00	− 1.64	− 2.38
独断	0.24	0.32	0.34	0.43	0.00	0.17
合作	0.34	0.21	− 1.36	0.61	0.86	0.41
顺从	1.22	0.97	0.79	0.94	1.03	0.88
情绪	− 0.21	− 0.05	− 0.14	− 0.04	0.45	0.28
追求刺激	− 0.67	− 0.07	0.29	− 1.07	− 1.16	− 0.42
群居	− 0.04	− 0.09	− 1.54	− 0.38	− 1.24	− 0.03
想象	− 0.18	− 0.51	1.98	− 0.85	0.06	0.26
道德	1.36	0.83	− 0.28	0.98	1.37	1.02
自我意识	− 2.07	− 1.75	− 0.80	− 1.78	− 1.36	− 1.95
自我约束	0.00	0.08	− 0.67	0.66	− 0.02	− 0.31
自我效能	0.94	1.12	1.48	0.82	0.92	0.70

　　这六个类以及所呈现的数据样式将在下面单独描述。值得一提的是，类是通过结合每个群体最主流的游戏偏好以及人格特征来命名的。但是，单单是类名不足以描述每个群体内部的复杂性。每个类的整个描述都应该研究，才能对它所代表的游戏玩家有完整的认识。

　　第一类是顺从陪伴，包含整个样本的21%，其中13%的男性和26%的女性属于这一类。陪伴、逼真和挑战是这个类中最重要的，而梦幻、竞争和探索是这类人中认为最不重要的。人格方面，顺从的陪伴由相对较高水平的道德和顺从以及低水平的自我意识、活动和情绪这些来表征。这类人平均每周用1.09小时来玩游戏，每次玩游戏的平均时间为35.02分钟，这是在所有类中最低的。在1到5的尺度上，顺从陪伴这类人的平均技能水平为 2.00,也是所有类中最低的。大多数人倾向于和另一个人一起玩游戏(44%),而比较少的人倾向于一个人玩游戏(27%)或者和一群人玩游戏(27%)。这个类中拥有游戏平台的比例(22%)和每周使用(9%)的比例都较低。这类人最喜欢赛车类游戏(44%)和纸牌类游戏(35%),最不喜欢角色扮演游戏(11%)。

第二类是外向逼真陪伴,占总样本的 19%,其中 30% 的男性和 13% 的女性属于这个类。陪伴、逼真和挑战是这个类中最重要的,而梦幻、竞争和探索是这个类中最不重要的。这类人将竞争放在最重要的位置,将梦幻放在最不重要的位置。人格方面,外向逼真陪伴这类人的特点是有相对较高水平的自我效能和努力获得,而愤怒和想象的水平较低。这群人每周平均有 2.36 小时的时间在玩游戏,每次玩游戏的时间平均为62.46 分钟,这项数据排在所有类中的第二。他们的平均技能水平为 2.86,这是在所有类中最高的。大多数人倾向于和另外一群人一起玩游戏(53%),但是较少有人倾向于一个人玩游戏(26%)或者和另外一个人一起玩(37%)。这群人拥有游戏的比例是最高的,占 37%,每周使用 PlayStation 3 的比例也是最高的,占 18%,另外他们总的游戏平台拥有比例和每周使用的比例也是相对较高的。这个群体的人最喜欢体育类游戏(53%)和射击类游戏(53%),最不喜欢纸牌类游戏(26%)。

第三类是内向逼真探索者,占总样本的 17%,其中 27% 的男性和 12% 的女性属于这个类。逼真、探索和梦幻是这类人认为最重要的,而且和其他类的人相比,该类人认为这三个因素是最重要的,而竞争、陪伴和挑战被他们认为是不重要的,和其他类的人相比,该类人认为这三个因素是最不重要的。人格方面,这群人的特点是有较高水平的想象、自我效能以及利他主义,而有较低水平的群居性和合作性。这群人平均每周玩游戏的时间为 3.60 小时,每次玩游戏的平均时间为 74.38 分钟,是所有类中最高的,同时,他们的平均技能水平为 2.45,在所有类中排第二。大多数人倾向于和另外一群人一起玩游戏(35%),但是很多人也喜欢和另外一个人一起玩游戏(31%)或者一个人玩游戏(29%)。除了 PlayStation 3 和 Wii,这类人拥有游戏平台的比例和每周使用游戏平台的比例是所有人中最高的,分别占 34% 和 17%。他们最喜欢玩动作类游戏(63%)和射击类游戏(61%),最不喜欢纸牌类游戏(18%)和音乐跳舞游戏(22%)。

第四类是尽责陪伴,占总样本的 16%,其中 12% 的男性和 19% 的女性属于这类。陪伴、逼真和挑战是这群人认为最重要的,而竞争、梦幻和探索是这些人认为最不重要的。至于人格,尽责陪伴这类人的特点是相对较高水平的努力获得、自我约束和独断,以及相对较低水平的追求刺激和想象。这群人每周平均玩游戏的时间为 1.34 小时,每次平均时间为 40.81 分钟。他们的平均技能水平为 2.29。和其他类相比，这类人倾向于和一个其他的人一起玩游戏的比例最高，有 46％，而有一些人（35％）倾向于和一群人一起玩游戏，还有少数倾向于一个人玩（19％）。同时，这群人总的来说每周使用游戏平台的程度为中等，尽管使用 Wii 的人是所有类中最多的（50％），大多数人喜欢玩赛车游戏（55％）、冒险游戏（50％）和体育游戏（50％），最不喜欢玩格斗类游戏（13％）和纸牌游戏（19％）。

第五类是内向的追求挑战逼真者，占总样本的 15％，其中 7％的男性和 19％的女性属于这一类。逼真、挑战和探索是这一类人认为最重要的，而竞争、梦幻和陪伴被他们认为是最不重要的。而且，这一类人是所有类人群中把挑战看得最重要的。至于人格，内向的追求挑战的逼真的人们的特点是有相对较高水平的道德、合作和情感以及相对较低水平的群居性、追求刺激和活动。这一类人平均每周有 1.39 小时在玩游戏，每次玩游戏的平均时间为 47.77 分钟。他们的平均技能水平为 2.28。这群人倾向一个人玩游戏的比例为 47％，是所有群体中最高的，而只有一些人倾向于和另外一个人一起玩游戏（33％），很少有人喜欢和一群人一起玩游戏（19％）。同时，这群人拥有游戏平台的比例是 21％，每周都使用游戏平台的比例是 6％，是所有人群中最低的。内向的追求挑战逼真者最喜欢玩猜谜游戏和策略游戏，各占 49％和 42％，最不喜欢格斗类游戏（16％）和角色扮演游戏（16％）。

第六类是冷静的寻求挑战陪伴，占总样本的 11％，其中 10％的男性和 11％的女性属于这一类。陪伴、挑战和逼真是这一类人认为最重要的，而梦幻、竞争和探索是他们认为最不重要的。另外，这群人认为陪伴的重要性是所有类中最高的，而探索是所有类中最低的。至于人格，冷静的寻求挑战陪伴的特点是有相对较高的利他主义和情绪以及相对较低水平的愤怒和自我意识。这群人每周平均玩游戏的时间为 1.37 小时，每次平均玩游戏的时间为 38.23 分钟。同时，这群人倾向于和其他一群人一起玩游戏，这是所有类中比例最高的（72％），有 16％的人倾向于一个人玩游戏，有 9％的人倾向于和其他一个人一起玩游戏，这在所有类中是最低的。这一类人拥有 iPad Touch 的比例是最高的（38％），但是却是每周使用游戏平台比例第二低的（7％），他们最喜欢的游戏是字谜游戏（47％）和音乐舞蹈类游戏（42％），最不喜欢的游戏是角色扮演游戏（6％）和动作游戏（19％）。

讨　论

　　研究人员将通过比较过去的游戏设计和玩家分类和本研究的分类来揭示本研究的理论和实际意义。同时，相关的对研究和实践的意义也将被讨论。当然，研究人员也会解释本研究的局限性以及提出未来的研究方向。

比较游戏设计分类

　　本研究揭示了一个包含 18 种游戏设计特征的六因素的分类，以此来回答第一个研究问题"哪些游戏设计特征的潜在类别会影响游戏玩家的愉悦？"。和已有研究比较，本研究的影响游戏愉悦度的设计要素分类和之前的游戏设计分类相比，有很大的相似性。例如，机械、动态和情感理论框架提出了八个描述在游戏中获得愉悦的术语：

感觉：激活五种人类的感觉

幻象：想象世界和人物

叙述：剧情版地展开事件

挑战：解决问题

伙伴关系：友谊，合作和社区

发现：寻找和发现新事物

表达：创造和个性化游戏物体

服从：把显示的世界扔一边，进入一个新的、更好玩的世界

　　机械、动态和情感理论框架中的幻象和本研究中的梦幻，在描述虚构世界和人物的愉悦中几乎是一样的。更广义一点讲，机械、动态和情感理论框架中的叙述、表达和服从似乎也和本研究中的梦幻相关。某种程度上来看，本研究中逼真和机械、动态和情感理论框架中的感觉是相关的，因为他们包含了对视觉感官的刺激。机械、动态和情感理论框架中的挑战和本研究中的挑战相似，都包含了克服困难和解决问题。机械、动态和情感理论框架中的伙伴关系和本研究中分类中的陪伴关系很接近，因为这些要素都包含友谊和多玩家体验。同时，机械、动态和情感理论框架中的探索和本研究中的探索都是等价的，都是描述寻找快乐的源泉。机械、动态和情感理论框架中的没有明显定义的一个维度是竞争，这个在本研究得到了证实。

　　本研究结果中显示的梦幻、逼真、挑战、陪伴和探索与已有的机械、动态和情感理论

中的幻想、感觉、挑战、伙伴关系和发现有高度的相似性,这清楚地说明,这些要素都会显著影响游戏玩家的愉悦。机械、动态和情感理论中的叙述、表达和服从与本研究中的梦幻之间的关联不强,这表明,理论上的假设比实证研究发现的类别更细。机械、动态和情感理论中没有竞争,这可能是理论上的忽视或者是将竞争放在了理论框架中一个不显眼的地方。

在讨论玩游戏的情感目标的时候,设计、娱乐和体验这个框架命名了 16 种形式的趣味,包含"美丽,沉浸,知识化的问题解决,竞争,社会交流,喜剧,危险的刺激,体育运动,爱情,创造,权利,发现,进步和完成,应用和完成,一个设备的应用,利他主义以及学习"。从这个比较长的列表里来看,本研究的分类体现了这些游戏的趣味特征。例如,考虑到高逼真度的图像和环境,美丽似乎和逼真非常相关;沉浸体现出了在梦幻环境中想出来的情境和人物;知识化的问题解决是挑战的关键;社会交流和竞争又各自对应了陪伴和竞争;发现又是探索的主要成分。这个趣味列表中的剩下来的其他可能又和本研究得到的设计要素有关,只是关注点可能不如本研究的那么确定。设计、娱乐和体验这个框架和其他的理论框架一样,提出了更多形式的游戏趣味,但是,研究中所发现的相似点又证实了影响游戏玩家愉悦的游戏设计理论和实践观点是和谐统一的。

和以上谈到的机械、动态和情感理论框架以及设计、娱乐和体验框架不同,Yee 从实证研究的角度出发,聚焦在线多人角色扮演游戏中的玩家的动机这个问题。该研究的三个元素可以概括为:

- 成绩:升级的欲望,优化表现,以及和其他人竞争
- 社交:交流、建立关系以及和其他人一起工作的欲望
- 沉浸:发现新事物、角色扮演以及个性化游戏角色的欲望

Yee 在 2006 年的研究中的成绩和本研究中的竞争和挑战相关,特别是和其他玩家相比展现出来的游戏技能相关。同时,社交和陪伴匹配,两个都包含了和朋友一起玩游戏和合作。还有,Yee 研究中的沉浸和本研究中的关于发现、想象世界以及角色扮演的梦幻和探索等价。只有逼真在 Yee 的分类里面没有,可能是因为 Yee 的那个研究中没有相应的测量工具。除此之外,Yee 的研究得出的成分和本研究中得到的设计要素高度相关,尽管这两个研究使用了不同的人群,但是研究结果还是可以相互印证。

King 等人在 2010 年发表的研究中提出了引起和保持游戏玩家游戏行为的五个特征的分类。

- 社交:游戏玩家怎样交流、合作和竞争
- 呈现:游戏美学,例如图像和声音

- 叙述和区分：玩家怎样经历角色扮演和故事叙述
- 奖励和惩罚：玩家的动作是怎样被强化和削弱的
- 控制：游戏玩家怎样修改游戏内的要素，以及怎样在游戏界面上操作

这里的社交和本研究中的陪伴和竞争有着直接的关系，因为他们都描述了友好的和竞争的多玩家游戏。呈现和逼真又是相关的，两者都聚焦在游戏的美化上。角色扮演和故事叙述特征又组成了叙述和区分，同时又和梦幻相关。在某种程度上，奖励和惩罚与竞争和挑战相关，因为两者都和游戏玩家的表现以及游戏获胜后的奖励有关。另一方面，控制基本上就是指用户界面设计，因此没有很好地体现在本研究得到的分类中。相似的，探索是本研究中的分类，但是在 King 等人的研究中没有得到实质性的体现。总的来说，两个游戏分类的相似进一步说明，本研究得到的结果和 King 有关电脑游戏设计的理论和实践是相关的。

除了这些比较之外，本研究的研究人员在 2011 年对游戏设计分类进行了一些初步的研究，尽管该研究的目的和研究方法和本研究不同，但是研究的结果很大程度上是一致的。因此，研究人员的结论是，这样的高度一致性说明有关游戏设计的理论和实践的实证研究在一定程度上是一致的。当然，本研究中呈现的游戏分类的一个重要的特征，也是之前研究得出的游戏分类特征没有的，是对设计因素的一个具体的定义。每个设计因素都根据它的潜在特征进行了界定，因此每个因素的定义就更准确。本研究的分类的另外一个其他研究不具备的优点就在于，本研究得到了每个因素相对的影响。例如，梦幻占了总的变异的 13%，而竞争占的比重最小，才 7%。因此说明，玩家在这项偏好上差异更大。相对应的，竞争可能就是一个比较稳定的因素，因为它占的总的变异的百分比较小。

比较玩家分类

本研究在六个游戏设计因素和 15 个人格特质的基础上，得到了一个六类玩家的分类，以此来回答第二个研究问题"依据玩家的电脑游戏设计特征偏好和人格特质，有哪些潜在的玩家类型可以被区别？"。之前相关的研究都包含了类似的玩家类型。综合这些研究，得到下面九类独特玩家的类型。

- 获得者/征服者：聚焦于拿分和升级
- 探索者/漫游者：操作、发现未知的游戏世界，让这些未知成为已知
- 社交者/参与者：渴望人与人之间的交流
- 杀手：常常以破坏性的方式将自己强加在别人身上

● 故事叙述者/角色扮演者：扮演并保持游戏角色中的身份，参与到梦幻世界的叙述中

● 竞争者/表现者：为了比别人更好而努力，在游戏世界中展现自己的能力

● 收集者：积累大量的游戏中的物件

● 主导者：领导其他人并管理游戏中的事件

● 手工者：解决问题，创造游戏世界中的物件

Bateman 和 Boon 发表于 2006 年的研究，得出四种类型的游戏玩家，这可以被看成是以上类型的结合。

● 征服者：结合了获得者/征服者以及竞争者/表现者

● 漫游者：结合了探索者和故事叙述者/角色扮演者

● 管理者：结合了主导者和手工者

● 参与者：结合了社交者和故事叙述者/角色扮演者

之后 Westwood 和 Griffiths 在 2010 年发表的研究中使用了实证研究的方法来区分游戏玩家类型。他们报告了以下五个游戏玩家类型。

● 故事驱动的单一玩家：被个人的愉悦和沉浸所驱动

● 社交型游戏玩家：讨厌一个人玩游戏

● 单人有限玩家：被单一玩家的体验和即时享乐所驱动

● 骨灰级在线游戏玩家：被称为社交群体的一分子、外部奖励和成绩、图像以及音乐所驱动

● 随意玩家：被个人愉悦、图像、能在自己方便的时候玩游戏的能力所驱动

由于缺乏对游戏玩家的定义以及缺乏个人特征和游戏习惯的具体描述是有很长一段时间的，因此，尝试用本研究中得到的游戏玩家类型去区分过去的玩家类型是非常困难的，也是徒劳的。考虑到之前的游戏分类都没有像本研究那样对人格特征进行概念化，这样的尝试就更加是徒劳的了。尽管过去的游戏玩家分类似乎描述了游戏玩家的行为和动机，但是这些并没有通过实证研究得到充分的验证，也没有像本研究那样审视游戏玩家的各个水平。

之前研究得出的游戏玩家分类最大的一个缺陷就是没有清晰地区分和联系玩家和他们喜欢的游戏设计。本研究包含了个体的特征，从而使得玩家和游戏设计的联系得以清晰地体现出来，从而从实质上拓展了之前的文献。本研究中显示出来的每个玩家类型都有丰富的人格特征以及和此相对应的游戏偏好。另外，在本研究中呈现的分类还

包含了自我报告的游戏习惯数据，包含每周玩游戏的小时数，每次玩游戏的分钟数，游戏技能，和其他人一起玩游戏的偏好，游戏平台的拥有和使用，以及喜欢的游戏类型。这些都有助于对游戏玩家类型的描述并对他们进行验证。因此，本研究中得出的游戏玩家类型的分类和之前的那些分类相比，描述得更清楚。最后，由于本分类将包含的人格作为连接玩家和游戏的桥梁，它可以更好地被实践者应用于匹配游戏设计和游戏的受众。

还有一个一直被研究的问题是，游戏偏好和人格是否有可以预测的关系或者是相互依赖的关系。如果有这样的关系存在，本研究呈现的分类可以被用来进行游戏设计，来帮助某些特定玩家的需求。例如，一位老师可能会通过测量她的学生的人格特质和游戏偏好来为她的学生选择最合适的游戏。但是，教育实践者和研究者还是需要更多的修改和验证才能很有信心地去这样做。

研究局限性和未来研究方向

本研究虽然作为用来理解游戏设计要素和玩家人格特征的初次尝试，但是还是具有一定的局限性的，这也使得未来的研究值得期待。例如，本研究的一个局限在于不知道研究结果的可推广性。研究的参与者来自美国的一个公立大学。尽管这个样本本身是多样化的，它可能还是无法代表世界上其他地区其他文化中的玩家，特别是本研究中就有比较多的女性，使得这个样本可能和其他地区的人口特征不同。同样地，尽管本研究中所报告的结果可能可以应用于其他地方，但研究人员也没有做出任何超出这个样本的陈述。因此，本研究的结果需要在多元化的群体中加以验证，以此来保证这些研究结果在其他人群中也适用。

尽管本研究中报告的游戏设计分类和过去的相关研究相比存在高度的对应，但是不同游戏分类之间的比较不是完美的。由于不同的研究人员怀着不同的目的在不同的时候使用了不同的方法提出了不同的游戏设计分类，一个分类与另一个分类的比较是不可能的。所以，过去的研究仅仅能用于在某种程度上帮助理解之后的研究。另外，本研究得出的分类非常有可能需要进一步修正、扩充和验证。可能会有一些新的核心的要素会被添加到这个分类中来，也可能现有的一些分类通过一些具体的试题被进一步修正。还有，本研究得出的分类需要通过更多的实证研究来重复。所有的这些可能的修正都有可能会使得这个分类有更好的实践用途。

本研究中的人格是用来描述个体特征的，但是人格模型还有很多类型，不是所有个体的特征都被本研究所采用的人格模型完美地描述了。还有其他一些游戏玩家的特征需要研究人员的探索。例如，物理属性、动机、文化、性别、金额、生活环境也可能很大程度地影响玩家对游戏的感受。因此，未来的研究应该继续审视这些变量，以便更好地理解个体特征对游戏玩家体验的影响。

　　最后，为了适应本研究得到的游戏分类，相关人员需要开发相应的工具。如果没有允许设计者、教育者以及其他实践者去应用本研究到日常生活和工作中，那么本研究成果的实践价值就很有限了。因此，研究人员的一个长远目标是开发这样的工具。

结　　论

　　本研究显示，实证研究可以区分引起游戏玩家愉悦的游戏的核心设计元素。相似地，描述个体特征的人格也可以用来描述游戏玩家对游戏的体验。本研究因此提出了两个可以创造更好的游戏体验的分类。但是，这两个分类还需要更多的实证研究来进一步修正、扩充和验证。另外，相应的工具也需要被开发出来，以便让设计者、教育者以及其他人来应用于这些分类与实践中。本研究结合了游戏设计的影响和玩家的特征，因此得出的有关游戏体验的结果是牢靠的，站得住脚的。最后，本研究应该会对形成游戏和玩家的整体理解，来创造更多的有效的游戏体验。

参考文献

Bateman, C. M. & Boon, R. T. (2006). *21ˢᵗ century game design*. Boston, MA: Charles River Media.

Bartle, R. (1996). Hearts, clubs, diamonds, spades: Players who suit MUDs. London, UK: MUSE Ltd. Retrieved from http://www. mud. co. uk/rechard/hcds. htm.

Cattell, R. B. (1950). *Personality: A Systematic Theoretical and Factual Study*. New York, NY: McGraw-Hill.

Cattell, R. B. (1966). The Scree Test for the Number of Factors. *Multivariate Behavioral Research*, *1*(2), 245 - 276. Heeter, C. (2008). Play Styles and Learning. In R. Ferdig (Ed.), *Handbook of Research on Effective Electronic Gaming in Education* (pp. 826 - 846). Hershey, PA: IGI Global.

Goldberg, L. R. (1999). A Broad-Bandwidth, Public-Domain, Personality Inventory Measuring the Lower-Level Facets of Several Five-Factor Models, from http://ipip. ori. org/newBroadbandText. htm Heeter, C. , Lee, Y-H. , Magerko, B. , & Medler, B. (2011). Impacts of forced serious game play on vulnerable subgroups. *International Journal of Games and Computer-Mediated Simulations*, *3*(3), 34 - 53.

Hartmann, T. , & Klimmt, C. (2006). The Influence of Personality Factors on Computer Game Choice. In P. Vorderer & J. Bryant (Eds.), *Playing Video Games: Motives*,

Responses, and Consequences. New York, NY: Routledge.

Heeter, C., Lee, Y. H., Magerko, B., & Medler, B. (2011). Impacts of forced serious game play on vulnerable subgroups. *International Journal of Gaming and Computer-Mediated Simulations*, 3(3),20.

Hunicke, R., LeBlanc, M., & Zubek, R. (2004). *MDA: A formal approach to game design and game research*. Paper presented at the Proceedings of the AAAI – 04 Workshop on Challenges in Game AI.

Johnson, J. (2001). Screening Massively Large Data Sets For Non-Responsiveness In Web-Based Personality Inventories. Invited talk to the joint Bielefeld-Groningen Personality Research Group.

Kaiser, H. F. (1960). The Application of Electronic Computers to Factor Analysis. *Educational and Psychological Measurement*, 20(1),141 – 151.

King, D., Delfabbro, P., & Griffiths, M. (2010). Video Game Structural Characteristics: A New Psychological Taxonomy. *International Journal of Mental Health and Addiction*, 8(1),90 – 106.

McCrae, R., & John, O. (1992). An Introduction to the Five-Factor Model and Its Applications. *Journal of Personality*, 60(2),175 – 215.

Quick, J. M. & Atkinson, R. K. (2011). A data-driven taxonomy of undergraduate student video game enjoyment. *In Proceedings of the GLS 7. 0 Games + Learning + Society Conference* (pp. 185 – 190).

Revelle, W. (2011). *Psych: Procedures for Personality and Psychological Research*. Department of Psychology. Northwestern University. Evanston, IL. Retrieved from http://cran. r-project. org/web/packages/psych/psych. pdf.

Squire, K. D., & Steinkuehler, C. (2006). Generating cyberculture/s: The case of Star Wars galaxies. In D. Gibbs & K. Krause (Eds.), *Cyberlines* 2: *Languages and Cultures of the Internet* (2nd ed.). Albert Park, Australia: James Nicholas Publishers.

Vorderer, P., Bryant, J., Pieper, K. M., & Weber, R. (2006). Playing Video Games as Entertainment. In P. Vorderer & J. Bryant (Eds.), *Playing Video Games: Motives, Responses, and Consequences*. New York, NY: Routledge.

Winn, B. (2008). The design, play, and experience framework. In R. Ferdig (Ed.), *Handbook of research on effective electronic gaming in education* (pp. 1010 – 1024). Hershey, PA: IGI Global.

Westwood, D., & Griffiths, M. D. (2010). The Role of Structural Characteristics in Video-Game Play Motivation: A Q-Methodology Study. *CyberPsychology, Behavior, and Social Networking*, 13(5),133 – 136. doi: 10. 1089/cyber. 2009. 0361

Wood, R. T. A., Griffiths, M. D., Chappell, D., & Davies, M. N. O. (2004). The structural characteristics of video games: a psycho-structural analysis. *Cyberpsychol Behav*, 7(1),1 – 10. doi: 10. 1089/1094931043 22820057

Yee, N. (2006). Motivations for play in online games. *CyberPsychology & Behavior*, 9(6), 772 – 775.

第十六章 研究案例八：绘图策略与想象策略

　　根据目前我们对于人类认知建构的认识，外在的信息首先简短地在我们的工作记忆中短暂地保存和处理。当在工作记忆中保持的信息和学习者的已有知识相整合以后，形成了有意义的结构，并且最终保存在长时记忆中，那么，学习才会发生。知识在人的大脑中以图式的形式存在（Chi，Glaser & Rees，1982）。工作记忆的特点是容量有限，而长时记忆的容量很大（de Groot，1965；Miller，1956）。个体学习的目标就是建构图式。低级别的图式会花费学习者大量的认知资源，而如果学习者形成了高级别的图式以后，这些图式就会帮助学习者将大量信息有效地组织起来。

　　当某人在从事一项学习任务（例如阅读一篇有关科学的文章）的时候，学习任务本身会给学习者的工作记忆强加上一定的认知负荷，以此来进行图式的建构。根据认知负荷理论（Kalyuga，2010；Sweller，Ayres & Kalyuga，2011；Sweller，van Merrienboer & Paas，1998），认知负荷有两类，一类叫内在认知负荷（intrinsic cognitive load），另一类叫外在认知负荷（extrinsic cognitive load）。某学习任务本身的自然属性决定了具备一定先备知识的某学习者达到学习目标所需耗费的内在认知负荷。用于呈现教学的教学设计方式决定了那些没有被用去达到学习目标的认知资源的消耗，即决定了外在认知负荷。另外，有些被用于理解学习材料、赋予学习材料意义的认知资源，对学习是至关重要的，因此被认为是重要的工作记忆资源。

　　当学习者在阅读一篇有关科学的文章的时候，他需要在他的工作记忆中激活他的已有知识（即先备知识），这样，他才可能建立有意义的表征。当学习者缺乏足够的教学支持来帮助他们建构图式的时候，他们就可能因为认知超负荷而导致无法理解所阅读的文章。因此为学习者提供阅读理解的支持就显得很重要了。

　　目前文献中支持阅读理解的学习策略大部分聚焦于文字（de Koning & van der

Schoot，2013；Sadoski & Paivio，2007)。因此，建立图像这类学习策略对于促进阅读理解就具有很大的潜力。根据多媒体学习认知理论(Mayer，2014a)，学习者通过两个通道处理外部信息，一个通道处理视觉信息，另一通道处理声音信息。每一个通道能够处理信息的容量都是有限的。因此，通过视觉通道和声音通道的双通道信息加工模式，和把所有信息都挤进一个通道处理信息的方式相比，就能更有效地帮助学习者获取图式，从而产生深度学习。这也就是所谓的多媒体学习原理(Fletcher & Tobias，2014；Mayer，2014b)。在阅读理解中，文献和相关研究目前可以确认的有内部图像和外部图像两种图像(Rapp & Kurby，2008)。本研究涉及两种学习策略：想象策略和绘图策略，它们被认为是分别对应内部图像和外部图像的两种策略。本研究将在认知负荷理论和多媒体学习认知理论的框架下，设计相关实验，来研究想象和绘图这两种学习策略对于帮助学习者阅读理解科学文章、建构相应图式的效应。

想象：一种内部图像策略

想象的过程是在头脑中再现流程或者概念的一个过程(Sweller et al.，2011)。学习者通过使用想象这个学习策略在其工作记忆中可视化概念和流程，以此来形成有意义的结构，从而最终可以将这些保存在长时记忆中。已有的综述和元分析的研究结果显示，想象不仅能促进动作技能的学习，还能促进认知技能的获得。例如，Cooper 等研究人员于 2001 年发表了一项研究。该研究中，他们用电子表格的形式，让研究参与人员先通过样例来学习解决一个问题。之后，研究人员让一部分实验参与者想象一下刚才学习中所描述的那些步骤，让另一部分实验参与者将刚才的样例再学习一遍。他们进行了两个实验。实验结果表明，想象学习的样例能够提高学习者的问题解决能力。Leahy 等人在 2004 年发表的研究成果报告了类似的研究。他们的研究发现，实验参与者(成年的教师)通过想象学习等高线图，他们比那些没有使用想象策略的人(同样是教师)对于学习内容的理解更好。另外，Leutner 等研究人员于 2009 年也发表了一项研究。她们让中学生通过想象、绘图或者两者结合的方法来帮助他们阅读理解一篇有关水分子的文章。研究人员的预期是，学生一边阅读一边想象能够对他们的阅读理解有好处，原因可能是，该方式可以有助于将部分言语信息转化为视觉信息，这样的认知过程可以让学习者充分利用双通道进行信息加工。而绘图需要学习者将这些加工的信息和认知过程外部化，因此可能引起学习者的外在认知负荷。他们的研究结果证实了他们的研究假设，并进一步显示，绘图和想象这两种学习策略结合使用并不能促进学习。Leopold 和 Mayer 于 2015 年发表了最新的研究成果。他们发现，提示学习者进行想象能够促进他们保持和迁移有关人的呼吸系统的知识。这些知识的测量不仅仅通过实验后的即刻测验获得，而且还通过在实验后一段时间进行的测量获得的。这些文献中的研究结果表明，由想象引发的内部图像化的过程可以帮助学习者在文字和图像之间建立联系，从而可以增加在此图式获得过程的关键工作记忆资源。

有一些实证研究的结果已经表明了想象对于学习的积极作用。尽管如此，该效应可能也取决于学习者已有知识的多少（Cooper et al.，2001；Ginns，Chandler & Sweller，2003；Leahy & Sweller，2005）。某种教学支持手法的效果取决于学习者不同的先备知识水平的现象，被有些研究人员称为专长逆转效应。据此，有一定领域知识的学习者可能会从想象活动中受益，因为他们可以基于他们已有的低级图式来建构更高级的图式。另一方面，一些领域知识较为缺乏的学习者则需要先学习基本概念，然后再来形成较为复杂的图式。如果没有基本的图式知识，他们就可能不会从想象中获益。例如，Ginns 等人在 2003 年发表了一篇论文，报告了他们做的一项研究：他们让没有任何领域先备知识的实验参与者学习 HTML 编程语言，其中一些人通过学习样例的方式，另一些人通过想象所需步骤的方式。研究人员发现，通过学习样例这样的方式来学习编程语言的人的表现比通过想象这种方式学习的人好。之后，研究人员又进行了一项实验，这次他们招募的参与实验的人员是中学生，学习的材料是地理，因此学习者具备一定的先备知识。研究结果表明，想象比传统的学习方式好。Cooper 等人的研究也有类似的发现：想象这种学习策略的相对优越性只体现在具有较高水平先备知识的学习者身上。所以，对于想象效应的研究应该考虑学习者已有的知识水平。

绘图：一种外部图像策略

绘图是指学习者通过绘图活动自己创造出来的表征。这些表征和他们要用绘图描绘的物体具有一定的相似性。当学习者在绘图的过程中，他们会在大脑中选择、组织言语表征和非言语表征，并将这些和他们被激活的先备知识相整合。这样的结果是，不同形式的表征被联结起来，并和学习者已有的图式关联起来，从而建构了图式。这些认知过程会通过绘图而被外部化。这样的外部图像不仅能显示学生的学习概念化程度，还能够促进学习。

另一方面，绘图需要学习者在呈现的学习材料之外得出一些东西，例如将文字信息转化为图像信息。因此，绘图被认为天生具有建构的特性（Chi，2009）。鉴于绘图包含的认知过程是促进图式建构的，绘图被认为是一种有效促进阅读理解，而且能够吸引学习者的学习策略（Ainsworth，Prain & Tytler，2011）。文献中可以找到支持绘图策略有效性的实证依据。例如，早在 20 世纪 90 年代，Rich 和 Blake 就通过研究发现，那些需要行为矫正的小学生在教师教他们使用绘图策略进行阅读的情况下，能够更好地理解所阅读的材料。Leopold 和 Leutner（2012）在他们进行的两个实验中都给中学生提供了一篇解释水分子的科学文章。两个实验都显示，那些被要求将段落大意画出来的学生在之后的迁移测试中的表现比那些没有用任何学习策略的学生或者使用总结策略的学生要好。其他科学教育领域的研究也揭示了绘图在生物教学、化学教学和物理教学中的积极作用（Kombartzky，Ploetzner，Schlag & Metz，2010；van Meter，2001；Mason，Lowe & Tornatora，2013；van Meter et al.，2006；Schmeck，Mayer，Opfermann，Pfeiffer & Leutner，2014；Schwamborn，Mayer，Thillmann，Leopold & Leutner，2010；Zhang & Linn，2011，2013）。

另外，根据专长逆转效应，学习者的先备知识水平也可能会影响绘图对学习的效果。对于那些具有较低水平先备知识的学习者来说，他们可能没有跟外部化所相关的具体的图式。因此，他们会选择、组织和整合一系列的信息，并在对这些信息进行重新组合以后画出来，由此产生了新的表征。这样的建构学习活动被认为是能够促进学习的活动（Chi，2009），因为它能够促进重要的认知加工。但是，对于那些有较高水平先备领域知识的学习者来说，绘图也会成为冗余，因此也会造成外在认知负荷。Leutner等人的研究发现，不管绘图策略是否和想象策略一起使用，它都会妨碍有较多领域先备知识的中学生的阅读理解。Zhang 和 Linn（2013）研究了一款计算机绘图工具是否能帮助中学生理解化学反应。研究的结果显示，绘图对于有较低水平已有知识的学习者来说非常有用，能帮助他们将他们的想法和化学图像整合起来。但是，他们的研究并没有显示绘图能够帮助有较高水平先备知识的学习者。因此，当学习者投入到绘图活动中的时候，专长逆转效应是否存在还不清楚。

眼 动 技 术

眼动技术是通过记录人的眼球运动来追踪其学习过程的一种方法。这种技术假设人眼睛注视的东西就是其大脑所在加工的东西（眼脑假定，Just & Carpenter，1980）。一些研究人员区分除了学习者的眼球运动的不同参数，例如总的注视时间和总的注视个数。这些参数能够提供有关认知过程的即时信息。这种技术已经被应用到有关用文字和图像学习的研究中，因为它可以显示学习的过程，从而提供其他方法所不能给予的信息（Mayer，2010）。

本 研 究 概 述

本研究的目的有两个：一是研究想象和绘图对于理解科学文章的效应，二是研究学习者的先备知识是否会调节这些学习策略的效应。想象和绘图这两个学习策略的效应将会和已经被以往研究证明有效的重复阅读策略比较，因此，重复阅读策略相当于对照组。具体来说，本研究所控制的自变量是阅读科学文章的策略，有三个水平：想象，绘图，重复阅读。因变量是阅读理解的分数、认知负荷的主观评分、实验干预以后的阅读时间以及实验干预以后的眼球运动。

根据多媒体学习认知理论，想象和绘图都能促进深度学习，因为两者都提供给学习者通过双通道加工信息的机会（Mayer，2014a）。因此，研究人员的研究假设是：和重复阅读比较，绘图能够促进阅读理解、认知负荷、眼球运动以及实验干预以后的阅读时间（研究假设 1）。另外，和重复阅读比较，想象能够促进阅读理解、认知负荷、眼球运动以及干预以后的阅读时间（研究假设 2）。

关于想象和绘图这两种策略哪个更能促进阅读理解，研究人员提出两个对立的研究假设。第一个假设是绘图更有效，因为它可以让学习者将图像外部化，从而可以成为进一步加工的支架（研究假设 3）。第二个是假设想象更有效，因为学习者可能会由于绘画将认知过程外部化产生的负荷而造成超负荷（研究假设 4）。目前来看，只有一个实证研究比较了这两种学习策略，那是在 Leutner 等人 2009 年发表的一篇论文中报告的研究。该研究的结果显示，绘图方便了阅读理解，但是想象促进了阅读理解。本研究中的假设 3 和假设 4 将通过实证研究来检验。基于综述的文献，研究人员预期学习者的先备知识水平会调节绘图和想象的效应（研究假设 5）。具体来说，研究人员的预期是，绘图会让先备知识水平较低的学习者受益，而想象会让先备知识较多的学习者受益。

方　法

被试与实验设计

63 名心理专业本科生被招募来志愿参与到这项实验中。这些人的平均年龄为 18.46 岁，有 49 人为女性。

本研究采用的是前后测、组间实验设计。自变量为学习策略，有三个水平：绘图、想象和重复阅读。参与实验的人员被随机分配到三个实验条件（绘图、想象和重复阅读）中，即每个实验条件中有 21 名实验参与者。

教学材料

实验用的教学材料是一篇有关人的心脏血液循环的短文，共包含四个小节：心脏的结构和功能，血液和血管的结构和功能，血管的循环路径，人体的物质交换。该短文总共包含 2 242 个中文汉字。这些文字是通过 PowerPoint 呈现的，一共包含九张幻灯片，其中第一张是实验指导语。

测量工具

本研究使用 20 个题目的单项选择题来测量实验参与人员对于人的心脏血液循环的已有知识水平。这些题做对得 1 分，做错得 0 分。因此，前测的总分最高分是 20 分，最低分是 0 分。本研究还是用 20 道不同的单选题来测量实验参与人员接受教学以后的阅读理解水平。后测和前测的形式一样，计分方式也一样，但是前测的题目和后测不同。前后测的 Cronbach's alpha 系数分别为.80 和.82。

认知负荷通过五题自我报告的试题来测量，其中是一道题采用了 Paas, Tuovinen, Tabbers 和 van Gerven 在 2003 年发表的论文中使用的难度试题，另外剩下四题采用了 NASA‐TLX 的工作负荷量表试题。这些题都是通过 8 点的利克特量表测量的。

实验参与人员的眼球运动以及他们和计算机的交互使用 Tobii T120 眼动仪来记录。该眼动仪的采样率为 60 Hz，空间分辨率小于 0.5 度。眼动记录系统包含了一个嵌入了红外线摄像仪的平板显示器。总注视时间和总注视点是本研究使用的两个眼动参数。

流程

本研究在实验室的情境中进行。实验一开始,研究人员向每名实验参与人员简要地说明了实验的大致目的以及大致流程。参与实验的人员如果同意参与实验,那么就会签署知情书。然后,研究人员给每名研究参与人员随机分配一个实验号,并要求他们完成前测,没有时间限制。在完成前测后,研究参与人员会面对眼动仪的显示屏。研究人员会先对每名研究参与人员进行校准,然后他们才会开始在显示屏上阅读。在实验过程中,研究人员通过 Live view 实时监视研究参与人员的眼动情况。在完成阅读以后,每名研究的参与者将根据实验号被随机分配到绘图、想象和重复阅读任务。在绘图实验条件中,研究参与者被要求在一张纸上画下他们刚才学习到的内容,这项任务的时间为两分钟。完成以后,他们需要再次阅读文章,不过这次没有时间限制。完成以后,每名研究参与者将完成后测和态度问卷(包含认知负荷的主观评分)。在想象实验条件中,研究参与者被要求想象刚才学习过的内容,时间限定为两分钟。除此之外,其他实验流程都和绘图实验条件一样。在重复阅读实验条件中,研究参与者被要求把刚才的文章再次阅读,但是时间限定在两分钟以内。除此之外,重复阅读实验条件的流程和绘图实验条件一样。研究人员将绘图、想象和重复阅读的时间都设定在两分钟以内,以此来使三个实验条件尽量等价。该实验之前,研究人员通过实施一个小规模的预研究来确定了两分钟这个时间限定。每名参与研究的人员完成本研究的实验大约需要 25 分钟左右。

研 究 结 果

总体的第一类错误率设定在.05。研究人员使用偏 η^2 或者 Cohen's d 作为效应量指标。根据 Cohen(1988)的建议,.01,.06 和.14 分别认为是偏 η^2 的值是小、中和大;.20,.50 和.80 被认为是 d 值的小、中和大。

两名被分配到重复阅读实验条件的研究参与者的眼球运动数据因为技术原因丢失了。一名被分配到绘图实验条件的研究参与者的认知负荷数据缺失了。因此,以下的数据分析是基于剩下的 60 名研究参与者的数据进行的。

阅读理解

单因素组间协方差分析被用来评价不同的学习策略(绘图、想象和重复阅读)对阅读理解成绩的影响。当然，使用协方差分析可以控制学习者的已有知识。在协方差分析以前，研究人员检验了斜率一致假设，即在总体中协变量和因变量的关系在不同实验条件下是否一致。统计结果显示协变量（已有知识）和学习策略的交互有显著作用，$F(1,54) = 3.25, p = .047$, 偏 $\eta^2 = .11$（中到大效应）。这个结果表明三个实验条件的阅读理解上的差异是已有知识的函数。但是，学习策略的主效应和已有知识的主效应都不显著。因此，研究人员分别对协变量在低于平均数一个标准差和高于平均数一个标准差的地方进一步进行简单主效应的验证。当协变量在低于平均数一个标准差的时候，三个实验条件在阅读理解上存在显著差异，$F(1,54) = 3.19, MSE = .01, p = .06$, 偏 $\eta^2 = .05$。进一步事后检验进行逐对两两比较，使用 Bonferroni 来控制第一类错误累积。结果显示，使用绘图学习策略的研究参与者的阅读理解分数显著高于重复阅读实验条件里的研究参与者的分数，$p = .01$, Cohen's $d = .96$（大效应）。但是，绘图学习策略和想象学习策略对于阅读理解的影响无差异，$p = .21$，同时，想象和重复阅读对阅读理解的影响也无差异，$p = .75$。当协变量是低于其平均数一个标准差的时候，三个实验条件之间的阅读理解分数无显著差异，$F < 1.00$。

主观认知负荷评分

单因素组间多元方差分析被用来评估三种学习策略对主观认知负荷评分的影响，协变量是已有知识。在进行多元协方差分析以前，研究人员首先检验了斜率一致假设。结果显示，学习策略和已有知识之间的交互不显著，$Wilks' \Lambda = .86, F < 1.00, p = .64$, partial $\eta^2 = .07$。因此，研究人员继续进行了多元协方差分析，结果显示三个实验条件之间无显著差异，$Wilks' \Lambda = .78, F(10,104) = 1.36, p = .21$, partial $\eta^2 = .11$。

阅读时间

单因素组间协方差分析被用来评估不同学习策略对学习者实验干预后的阅读时间的影响，其中协变量为学习者的已有知识水平。在进行协方差分析之前，研究人员首先检验了斜率一致假设，结果为不显著，$F < 1.00, p = .76$, partial $\eta^2 = .01$。因此，研究人员继续进行协方差比较。结果显示，三种学习策略在阅读时间上存在显著差异，$F(1,56) = 3.58, MSE = 9\,057.99, p = .04$, partial $\eta^2 = .11$（中到大效应）。事后检验随后进行逐对两两比较，使用 Bonferroni 来控制第一类错误的累积。统计结果显示，使用想象策略的研究参与者比使用重复阅读策略的人花显著多的时间，$p = .01$，

Cohen's $d = .83$（大效应）。想象和绘图的比较以及绘图和重复阅读策略的比较显示，这两个两两比较差异不显著。

眼球运动

在实验干预以后总注视时间和总注视个数被用来反映学习者的眼球运动。单因素组间多元方差分析被用来评估不同的学习策略对于总注视时间和总注视个数的影响，其中已有知识和眼动百分比（用来反映眼动数据质量的指标）是协变量。这两个协变量之间的相互关系为 $.23, p = .08$。研究人员首先检验了斜率一致假设，结果为不显著。因此，研究人员继续进行多元协方差分析。统计结果显示为显著，$Wilks' \Lambda = .77, F(4, 108) = 3.76, p = .01, partial \eta^2 = .12$。随后的事后检验采用协方差分析，采用 Bonferroni 来控制第一类错误的累积。在总注视个数上三个实验条件间存在显著，$F(2, 55) = 6.97, MSE = 81175.34, p = .002, partial \eta^2 = .20$。事先检验进行两两逐对比较，使用 Bonferroni 来控制第一类错误的累积。统计结果显示，采用想象策略的研究参与者的总注视个数比采用重复阅读的人显著多，$p = .001, Cohen's d = 1.12$（大效应）。其他两对两两比较结果显示无显著差异。总注视时间的数据分析也得出了相似的结果。在总注视时间上三个实验条件间存在显著差异，$F(2, 55) = 8.19, MSE = 5228.71, p = .001, partial \eta^2 = .23$。事先检验进行两两逐对比较，使用 Bonferroni 来控制第一类错误的累积。统计结果显示，采用想象策略的学习者的总注视时间显著长于采用重复阅读策略的人，$p < .001, Cohen's d = 1.27$（大效应）。其他的两两比较结果显示差异均不显著。

讨 论 和 结 论

研究人员进行本研究的目的之一是为了揭示想象和绘图这两种学习策略对阅读理解科学领域的文章是否有积极影响。另外，本研究还旨在揭示学习者的已有知识水平是否会调节学习策略对阅读理解的影响。本研究揭示了三个显著结果：(1)当学习者的已有知识较少的时候，和重复阅读策略相比，绘图策略能够促进阅读理解；(2)当要求学习者在使用学习策略以后再次阅读科学文章，那些之前采用想象策略的学习者的阅读时间显著长于那些使用重复阅读策略的学习者；(3)当要求学习者在使用学习策略以后再次阅读科学文章，那些使用想象策略的学习者的总注视时间显著长于那些使用重复阅读策略的学习者，同时，这些人的总注视个数也显著多于使用重复阅读策略的学习者。

研究假设 1 是"和重复阅读比较，绘图能够促进阅读理解、认知负荷、眼球运动以及实验干预以后的阅读时间"；研究假设 5 是"学习者的先备知识水平会调节绘图和想象的效应"。在学习者已有知识水平比较低的情况下，绘图可以促进阅读理解，因此研究假设 1 和 5 被部分证实了。但是，对于已有知识水平较高的学习者来说，该正向的大效应消失了。研究人员进一步查看了在实验干预以后（即在绘图、想象和重复阅读之后）的阅读时间和眼球运动数据以及自我报告的认知负荷数据，他们发现，采用绘图学习策略的学习者，他们的阅读时间和认知负荷并没有显著不同于重复阅读实验条件下的人（即参照组的人）。这个研究结果和之前的一些研究结果是一致的（例如，Leutner et al.，2009；Schmeck et al.，2014；Zhang & Linn，2013）。一个可能的解释是外部图像化的过程给已有知识水平较低的学习者提供了学习支架（Eitel et al.，2013），因此，这些学习者可以发现他们建构的图式中的错误概念并对这些错误概念进行纠正。但是对于已有知识水平较高的学习者来说，因为绘图造成的外部图像化会变得冗余，因此会妨碍学习。

本研究揭示了已有知识的调节作用的角色，它会显著影响绘图策略的效果，这在现有的文献中还没有受到足够的关注。因此，本研究促进了相关研究人员对于使用绘图策略时发生的专长逆转效应的理解。教育意义是，当使用绘图策略时，它可能会对已有知识较少的学习者来说是有益的，可以在阅读科学领域的文章时帮助他们理解。对于这些学习者而言，他们可能就不需要耗费大量的时间和认知资源来重复阅读文章，以达到理解的程度。但是，对于具有较高已有知识水平的、在大脑中已存在相关图式的学习者来说，他们就不需要依赖绘图帮助理解。因此，本研究不仅指出了绘图对于阅读理解的积极促进作用，还具体指出了绘图效应的有效范围和条件。未来研究可以聚焦考虑使用其他的学习策略和绘图策略结合在一起，以便能够更好地促进学习者的阅读理解，例如自我解释提示和教学反馈等（Lin & Atkinson，2013；Lin，Atkinson，Christopherson，Joseph & Harrison，2013；Lin，Atkinson，Savenye & Nelson，2014）。

从实际意义上说，本研究建议教学设计人员和其他教育者在设计的教育产品中包含绘图策略的时候，也要考虑学习者的已有知识水平这个因素。

研究假设 2 是"和重复阅读比较，想象能够促进阅读理解、认知负荷、眼球运动以及干预以后的阅读时间"。该研究假设和研究假设 5 有关想象的部分都没有得到本研究的数据支持。相反,本研究的结果显示想象可能会妨碍学习者的阅读理解,因为他们会花更多的时间用于阅读,还会更多地注视阅读材料。研究人员查看了认知负荷的描述统计数据,之后发现,想象实验条件中的学习者可能会遇到认知超负荷,尽管结果不显著。这样的结果有可能是因为想象需要花费大量的认知资源,当学习者有机会的时候,他们就会去反复阅读文章,以此来弥补阅读理解不足。这样的结果和近期文献中的结果不同(例如 Leopold & Mayer, 2015; Leutner et al. , 2009)。

对于实践而言,教学设计人员和其他教育者在设计学习环境的时候,应用想象策略一定要小心谨慎,以免妨碍学习者的学习效果。未来研究可以考虑在使用想象策略的时候,对学习者进行一下想象策略的训练(Johnson-Glenberg, 2000),或者让他们以出声思维(think aloud)的方法进行学习(Chi & Wylie, 2014),以此来尝试促进想象策略的积极效应。研究假设 3 和研究假设 4 是有关想象策略和绘图策略哪种有效的假设。研究假设 3 认为绘图更有效;研究假设 4 认为想象更有效。本研究没有任何结果可以支持研究假设 3 和研究假设 4。目前也有一些理论认为,如果学习者对于学习任务的投入度不同,那么相应的外显行为也不同(Chi & Wylie, 2014)。基于此,虽然想象策略可能会花费较多的认知策略而绘图策略可能仅仅对于一部分学习者有效,但是两种策略可能在吸引学习者投入学习这点上是相似的,因为它们都能促进学习者的双通道信息加工,都帮助学习者在不同的信息源上之间建立关系。这样的结果是,使用绘图策略和想象策略的学习者在阅读理解、认知负荷、阅读时间和眼球运动等外显行为上无显著差异。当然,本研究的样本量相对较小,也有可能造成这两种教学策略的比较不显著。鉴于直接比较这两者的实证研究非常少,研究人员应该考虑在未来的研究中对本研究比较的两个对立研究假设进行重复检验。

参考文献

Ainsworth, S. , Prain, V. , & Tytler, R. (2011). Drawing to learn in science. *Science*, *333*, 1096 - 1097.

Chi, M. T. H. (2009). Active-constructive-interactive: A conceptual framework for differentiating learning activities. *Topics in Cognitive Science*, *1*, 73 - 105.

Chi, M. T. H. (2013). Two kinds and four sub-types of misconceived knowledge, ways to change it and the learning outcomes. In Vosniadou, S. (Ed.), *International Handbook of Research on Conceptual Change* (2nd ed.). (pp. 49 - 70). Routledge. Routledge Press.

Chi, M. , Glaser, R. , & Rees, E. (1982). Expertise in problem solving. In Sternberg, R.

(ed.), *Advances in the Psychology of Human Intelligence*, Erlbaum, Hillsdale, NJ, pp. 7 – 75.

Chi, M. T. H., & Wylie, R. (2014). The ICAP framework: Linking cognitive engagement to active learning outcomes. *Educational Psychologist*, 49(4), 219 – 243.

Cohen, J. (1988). *Statistical power analysis for the behavioral sciences* (2nd ed.). Hillsdale, N. J.: L. Erlbaum Associates.

Cooper, G., Tindall-Ford, S., Chandler, P., & Sweller, J. (2001). Learning by imagining. *Journal of Experimental Psychology: Applied*, 7, 68 – 82.

Cox, R. (1999). Representation construction, externalized cognition and individual differences. *Learning and Instruction*, 9(4), 343 – 363.

de Koning, B. B., & van der Schoot, M. (2013). Becoming part of the story! Refueling the interest in visualization strategies for reading comprehension. *Educational Psychology Review*, 25, 261 – 287.

de Groot, A. (1965). *Thought and choice in chess*. The Hague: Mouton.

Dowhower, S. L. (1989). Repeated reading: Research into practice. *The Reading Teacher*, 42, 502 – 507.

Driskell, J. E., Cooper, C., & Moran, A. (1994). Does mental practice enhance performance? *Journal of Applied Psychology*, 79, 481 – 492.

Eitel, A., Scheiter, K., Schüler, A., Nystrm, M., & Holmqvist, K. (2013). How a picture facilitates the process of learning from text: Evidence for scaffolding. *Learning and Instruction*, 28, 48 – 63.

Fletcher, J. D., & Tobias, S. (2014). The multimedia principle. In R. E. Mayer (Ed.), *The Cambridge Handbook of Multimedia Learning* (2nd ed.). (pp. 117 – 133). New York, NY, US: Cambridge University Press.

Ginns, P. (2005). Imagining instructions: Mental practice in highly cognitive domains. *Australian Journal of Education*, 49, 128 – 140.

Ginns, P., Chandler, P., & Sweller, J. (2003). When imagining information is effective. *Contemporary Educational Psychology*, 28, 229 – 251.

Green, S. B., & Salkind, N. (2008). *Using SPSS for Windows and Macintosh: Analyzing and Understanding Data*, 5th Ed. Pearson Prentice Hall, N. J. Hart, S. G., & Staveland, L. E. (1988). Development of NASA – TLX (task load index): Results of experimental and theoretical research. In P. A. Hancock & N. Meshkati (Eds.), *Human mental workload* (pp. 139 – 183). Amsterdam: North-Holland.

Hegarty, M., & Just, M. A. (1993). Constructing mental models of machines from text and diagrams. *Journal of Memory and Language*, 32, 717 – 742.

Johnson-Glenberg, M. C. (2000). Training reading comprehension in adequate decoders/poor comprehenders: verbal vs visual strategies. *Journal of Educational Psychology*, 92, 772 – 782.

Just, M. A., & Carpenter, P. A. (1980). A theory of reading: from eye fixations to comprehension. *Psychological Review*, 87, 329 – 355.

Kalyuga, S. (2007). Expertise reversal effect and its implications for learner-tailored instruction. *Educational Psychology Review*, 19(4), 509 – 539.

Kalyuga, S. (2010). Schema acquisition and sources of cognitive load. In J. L. Plass, R. Moreno, & R. Brunken (Ed.), *Cognitive Load Theory*. (pp. 48 – 64). New York: Springer.

Kalyuga, S., Ayres, P., Chandler, P., & Sweller, J. (2003). The expertise reversal effect. *Educational Psychologist*, 38(1), 23 – 31.

Klein, R. M. (1980). Does oculomotor readiness mediate cognitive control of visual attention? In R. Nickerson (Ed.), *Attention and performance*. (Vol 8, pp. 259 – 276). Hillsdale, NJ: Erlbaum.

Kombartzky, U., Ploetzner, R., Schlag, S., & Metz, B. (2010). Developing and evaluating a strategy for learning from animation. *Learning and Instruction*, 20(5), 424 – 433.

Leahy, W., & Sweller, J. (2004). Cognitive load and the imagination effect. *Applied Cognitive Psychology*, 18, 857 – 875.

Leahy, W., & Sweller, J. (2005). Interactions among the imagination, expertise reversal, and element interactivity effects. *Journal of Experimental Psychology: Applied*, 11, 266 – 276.

Leutner, D., Leopold, C., & Sumfleth, E. (2009). Cognitive load and science text comprehension: Effects of drawing and mentally imagining text content. *Computers in Human Behavior*, 25, 284 – 289.

Leopold, C., & Leutner, D. (2012). Science text comprehension: Drawing, main idea selection, and summarizing as learning strategies. *Learning and Instruction*, 22, 16 – 26.

Leopold, C., & Mayer, R. E. (2015). An imagination effect in learning from scientific text. *Journal of Educational Psychology*, 107(1), 47 – 63.

Lin, L., Atkinson, R. K., Savenye, W. C., & Nelson, B. C. (2014). The effects of visual cues and self-explanation prompts: Empirical evidence in a multimedia environment. *Interactive Learning Environments*. in press.

Lin, L., Atkinson, R. K., Christopherson, R. M., Joseph, S. S., & Harrison, C. J. (2013). Animated agents and learning: Does the type of verbal feedback they provide matter? *Computers & Education*, 67, 239 – 249.

Lin, L., & Atkinson, R. K. (2013). Enhancing learning from different visualizations by self-explanations prompts. *Journal of Educational Computing Research*, 49(1), 83 – 110.

Mason, L., Lowe, R., & Tornatora, M. C. (2013). Self-generated drawings for supporting comprehension of a complex animation, *Contemporary Educational Psychology*, 38, 211 – 224.

Mayer, R. E. (2010). Unique contributions of eye-tracking research to the study of learning with graphics. *Learning and Instruction*, 20(2), 167 – 171.

Mayer, R. E. (2014a). Cognitive theory of multimedia learning. In R. E. Mayer (Ed.), *The Cambridge Handbook of Multimedia Learning* (2nd ed.). (pp. 43 – 71). New York, NY, US: Cambridge University Press.

Mayer, R. E. (2014b). Introduction to multimedia learning. In R. E. Mayer (Ed.), *The*

Cambridge Handbook of Multimedia Learning (2nd ed.). (pp. 1 - 16). New York, NY, US: Cambridge University Press.

Miller, G. A. (1956). The magic number seven, plus or minus two: Some limits on our capacity for processing information. *Psychological Review*, *63*, 81 - 97.

Paas, F., Renkl, A., & Sweller, J. (2003). Cognitive load theory and instructional design: Recent developments. *Educational Psychologist*, *38*(1), 1 - 4.

Paas, F., Tuovinen, J., Tabbers, H., & van Gerven, P. (2003). Cognitive load measurement as a means to advance cognitive load theory. *Educational Psychologist*, *38*, 63 - 71.

Rapp, D. N., & Kurby, C. A. (2008). The "ins" and "outs" of learning: internal representations and external visualizations. In J. K. Gilbert, M. Reiner, & M. Nakhleh (Eds.), *Visualization: theory and practice in science education* (pp. 29 - 52). UK: Springer.

Rasco, R. W., Tennyson, R. D., & Boutwell, R. C. (1975). Imagery instructions and drawings in learning prose. *Journal of Educational Psychology*, *67*, 188 - 192.

Rayner, K. (1998). Eye movements in reading and information processing: 20 years of research. *Psychological Bulletin*, *124*(3), 372 - 422.

Rich, R. Z., & Blake, S. (1994). Using pictures to assist in comprehension and recall. *Intervention in School and Clinic*, *29*, 271 - 275.

Richardson, A. (1967). Mental practice: A review and discussion (Part 1). *Research Quarterly*, *38*, 95 - 107.

Sadoski, M., & Paivio, A. (2007). Toward a unified theory of reading. *Scientific Studies of Reading*, *11*, 337 - 356.

Schmeck, A., Mayer, R. E., Opfermann, M., Pfeiffer, V., & Leutner, D. (2014). Drawing pictures during learning from scientific text: testing the generative drawing effect and the prognostic drawing effect. *Contemporary Educational Psychology*, *39*, 275 - 286.

Schnotz, W., & Kurschner, C. (2007). A reconsideration of cognitive load theory. *Educational Psychology Review*, *19*(4), 469 - 508.

Schwamborn, A., Mayer, R. E., Thillmann, H., Leopold, C., & Leutner, D. (2010). Drawing as a generative activity and drawing as a prognostic activity. *Journal of Educational Psychology*, *102*, 872 - 879.

Sweller, J., Ayres, P., & Kalyuga, S. (2011). *Cognitive load theory*. New York: Springer.

Sweller, J., van Merrienboer, J. J. G., & Paas, F. (1998). Cognitive architecture and instructional design. *Educational Psychology Review*, *10*(3), 251 - 296.

Therrien, W. J. (2004). Fluency and comprehension gains as a result of repeated reading. *Remedial and Special Education*, *25*, 252 - 261.

van Meter, J., P. (2001). Drawing construction as a strategy for learning from text. *Journal of Educational Psychology*, *93*, 129 - 140.

van Meter, J., P., & Garner, J. (2005). The promise and practice of learner-generated drawing: Literature Review and Synthesis. *Educational Psychology Review*, *17*, 285 - 325.

van Meter, J. , P. , Aleksic, M. , Schwartz, A. , &. Garner, J. (2006). Learner-generated drawing as a strategy for learning from content area text. *Contemporary Educational Psychology*, *31*, 142 - 166.

van Meter, J. , P. , &. Theunissen, N. , C. , M. (2009). Prospective educational applications of mental simulations: A meta-review. *Educational Psychology Review*, *21*, 93 - 112.

Wang, H. Y. , &. Tsai, C. C. (2012). An exploration of elementary school students' conceptions of learning: A drawing analysis. *The Asia-Pacific Education Researcher*, *21*, 610 - 617.

Zhang, H. Z. , &. Linn, M. (2011). Can generating representations enhance learning with dynamic visualisations? *Journal of Research in Science Teaching*, *48*(10), 1177 - 1198.

Zhang, H. Z. , &. Linn, M. (2013). Learning from chemical visualizations: Comparing generation and selection. *International Journal of Science Education*, *35*, 2174 - 2197.

第十七章 研究案例九：混合学习

引 言

混合学习随着在线学习而兴起。这种学习方式整合了在线学习和面对面学习两种方式，因此被认为可以克服在线学习与面对面学习方式的缺陷（Osguthorpe & Graham，2003）。一些学者认为，混合学习具有转变高等教育的潜力，因为它能将学习者融合到一个学习社区中（Garrison & Kanuka，2004；Rovai & Jordan，2004）。目前研究人员和教育从业者已经提供了一些混合学习的实践指导（Kim，Baylen，Leh & Lin，2015），并且一些高等教育机构也在不同程度地实施混合教育（Graham，Woodfield & Harrison，2013）。本研究将报告一个使用质性和量化方法研究在混合学习环境中大学生在线学习投入度、学习和感知的实证研究，以此来填补目前的研究空白。

ICAP 理论框架

目前，研究人员应用了各种理论和模型来支持他们研究混合学习的工作。这些理论框架包含探索社区框架（Garrison，Anderson & Archer，2001）和八角框架（Singh，2003）。但是，在对几十年的相关文献进行主题分析以后，Halverson，Graham，Spring，Drysdale 和 Henrie（2014）指出，混合学习这个领域缺乏连贯的理论框架来支撑进一步的研究和实践。并且，尽管学习投入度这个术语被使用在了不少研究报告中，但是很少有研究直接解决混合学习中的学习投入度问题。本研究将使用交互-建构-积极-被动（Interactive-Constructive-Active-Passive，ICAP）框架作为研究混合学习投入度的理论框架。

根据 ICAP 框架(Chi & Wylie，2014)，导致学习者知识变化过程的外显投入行为模式有四种：被动、积极、建构和交互。当一个学习者在阅读、听讲或者看视频的时候，他/她从学习材料中接受信息并形成支离破碎的知识。这种学习投入方式是被动的。当学习者进行某种形式的外显的身体动作活动，例如在文字中圈圈画画，暂停、前进或者重新播放视频，那么这种学习投入度是积极的。当学习者从学校材料中建构新的东西，例如自我解释或者绘图，那么这种学习投入度就是建构的。当学习者彼此之间轮流进行建构性的对话，例如在小群体中辩护和争论，或者和同伴轮流进行问答，那么这种学习投入度就是交互的。在被动投入度模式中，知识以破碎的形式储存，只有在很具体的线索呈现的情况下才能被提取出来。在积极投入度模式中，已有知识被激活并被整合到新的信息中。在建构投入度模式中，基于已有知识和新信息的整合，新的知识通过进一步的推断而形成。当学习者在进行对话时，以上的激活、整合和推断就会以交互的形式发生，即交互投入度模式。因此，与四种投入度模式相联系的学习效果从好到差依次是：交互投入度模式下的学习，建构投入度模式下的学习，积极投入度模式下的学习和被动投入度模式下的学习。

一方面，尽管 ICAP 框架在实验室和课堂情景的研究中有大量的实证依据(例如，Doymus，2008；Menekse，Stump，Krause & Chi，2013)，但是该理论框架还未被应用到混合学习的研究和实践中，另一方面，目前还没有使用 ICAP 框架来解决投入度问题的论文发表(例如，Chen，Lambert & Guidry，2010；Laird & Kuh，2005)，所以，本研究将通过提供在混合学习中的实证依据来填补这两项空白。

混合学习文献

尽管混合学习面临新的挑战和长久存在的问题，它仍然显示出了教育的价值(Kim et al.，2015)。过去几十年中，学者和教育者们一直致力于研究，希望能够为有关混合学习的研究和实践指明方向。Halverson 等研究人员对 2000 年以来有关混合学习期刊论文、丛书章节、学术专著以及研究生毕业论文进行了质性的主题分析。他们发现，混合学习研究的主题十分广泛，包含了教学设计、学习风格、学习效果、不同模式的比较、技术、交互等一系列的主题。作为一种比较新形式的学习方式，混合学习并不比在线学习和面授学习质量差。Bernard 等研究人员的元分析结果显示，混合学习在学习成绩方面并不比同步远程教育或者非同步远程教育差(Bernard，Abrami，

Borokhovski，Wade，Tamim，Surkes & Bethel，2009）。进一步的元分析表明，混合学习实际上比课堂教学更具有优越性（Bernard，Borokhovski，Schmid，Tamim & Abrami，2014）。文献中还有一些研究具体显示了混合学习相对于在线学习和面授学习的教育价值。例如，Al-Qahtani 和 Higginst（2013）比较了大学生在一门文化课程中的学习成绩。这些学生被随机分配到三个实验条件中学习：面授形式、通过 Moodle 在线学习以及混合学习形式。研究结果显示，通过混合学习方式学习的学生，他们的学习成绩比通过面授方式和在线方式学习的同伴更好。Rovai 和 Jordan（2004）比较了在面授方式、在线方式和混合方式下学习者的社区感受并且也得到了类似的结果：通过混合学习方式学习的学生，他们在社区感受的两个变量上得分更高。

研究人员除了比较不同形式的学习，还通过实证研究验证了在混合学习环境中影响学习的因素。部分研究结果显示，学生的主观有用性评分（Lin & Wang，2012）、动机（Xie & Ke，2010）以及和在线系统的交互（Lee，Yeh，Kung & Hsu，2007；Wei，Peng & Chou，2015）都会对他们的学习成绩造成影响。例如，Wei 等研究人员研究了学习者的学习表现和他们与一个 e-leanirng 系统的交互行为之间的关系。他们收集了在非实时在线学习系统中注册的学生的数据。他们的研究结果表明，这些学习者登录的次数和在讨论区发帖的次数会对他们在线讨论的质量有积极的显著影响。另外，他们的两种学习行为以及阅读在线学习材料的次数也会对他们的学习成绩有积极的影响。

本研究概述

根据以上的文献综述，目前还没有研究使用 ICAP 作为混合学习研究的理论框架。并且，目前在国际上有关混合学习的实证依据也十分有限。因此，国际情境中的相关实证研究会有助于研究人员和教育从业者更好地理解混合学习的潜在教育价值。本研究的目的是在 ICAP 框架的指导下，使用量和质结合的方式，在高等教育的情境下，来研究混合学习环境中的在线投入度以及相关的学习成绩和感知等问题。具体来说，本研究旨在解决以下研究问题：

1. 学习者投入于在线学习管理系统的程度有多少？
2. 学生在在线学习管理系统中的投入行为会对他们的学习产生影响吗？
3. 从学生角度看，高等教育中引入混合学习的利弊有哪些？

本研究收集 sakai 学习管理系统中的投入行为数据以及在线问卷中的数据，通过质的研究和量的研究相结合的方式来分析数据。

方　　法

研究参与者

总共有 71 名心理本科专业的大学生志愿参与了本研究，其中 60 名为女性，11 名为男性。他们注册了一门一学期的专业必修课，该课程为统计课程。几乎没有人有之前使用 sakai 学习管理系统或者类似系统的经验，只有四名研究参与者报告有类似的经验。所有研究参与者都可以上网。

测量工具和数据源

本研究从三个数据源收集量化数据和质性数据，它们分别是 sakai 学习管理系统中的学生行为，学生的课程成绩以及在线问卷的反馈。

第一个数据源是学生在一个学期中在 sakai 学习管理系统中的行为。学生访问 sakai 的总次数、他们访问学习资源的总次数以及学生在讨论区的发帖。以 ICAP 为依据，学生访问 sakai 的总次数和他们访问学习资源的总次数分别是被动投入度行为和积极投入度行为，他们在讨论区的活动是建构投入度行为和交互投入度行为。

第二个数据源是量化的学生的课程成绩。该课程的分数的范围为 0 分到 100 分，无半分。

第三个数据源是在线问卷。问卷包含量化的部分和质性部分。量化的部分包含人口统计问卷（涉及性别、互联网接入、学习管理系统的已有经验）和一道 7 点利克特量表评分（"您认为 sakai 学习管理系统和课程整合得_____"1：非常糟；7：非常好）。质性部分包含三个开放问题，询问研究参与者"您最喜欢 sakai 学习管理系统里的什么功能特征？"、"您最不喜欢 sakai 学习管理系统里的什么功能特征？"以及"您认为混合学习环境怎么样？"。

施测情境

本研究是在春季学期的一门统计课程上进行的。该课程的学生为公立大学心理专业的本科学生。该课程以混合的形式进行：学生每周接受面授，同时通过 sakai 学习管理系统进行在线学习。学生可以在在线系统中获取各种学习资源，例如电子课程幻灯片、软件操作视频录像以及练习文档。学生通过作业链接来提交作业，也可以通过投递箱提交作业。课程教师专门开辟了一个讨论区，鼓励学生在其中发帖询问有关课程的问题；教师同时也鼓励学生回答同学提出的问题。学期末的时候，研究人员通过在线问卷工具实施问卷。本研究获得道德委员会批准。

结　　果

量化分析结果

学习管理系统的平均总访问次数为 14.10，标准差为 6.50。学习管理系统中的资源平均总访问次数为 91.55，标准差为 64.04。学生的平均成绩为 88.60，标准差为 7.04。

只有一个学生在讨论区发了一个和课程有关的问题。但是，他并没有从同学那里获得回复答案，而是从课程教师那里获得了回复答案。因此，讨论区的发帖相关的数据无法进行统计分析。

研究人员检验了学生访问学习管理系统的总次数和他们的学习成绩的相关系数，结果显示该相关为显著正相关，大小为中度，$r = .29, p = .008$。但是，学习资源的总访问次数和学习成绩之间的相关不显著，$r = .15, p = .10$。

回归分析被用来进一步评估学生学习管理系统的总访问次数和学习资源的总访问次数对于他们学习成绩的影响。该回归模型边缘显著，$F(2, 68) = 3.05, p = .05$。两个自变量可以解释因变量变异的 8%。学生的总访问次数显著影响他们的学习成绩，而且该效应为正向效应，$t(68) = 2.09, p = .04, \beta = .29$，偏相关 $= .25$。但是访问学习资源的总次数对学习成绩没有显著影响，$t < 1.00$。

至于混合学习环境的利弊，研究人员查看了学生在 7 点利克特量表上的作答的描述统计。结果显示，总体来说，参与研究的学生认为，sakai 学习管理系统和课程整合地较好，平均数为 4.98，标准差为 1.24。

质性分析结果

主题分析被用来对从在线问卷中的开放问题收集来的质性数据进行分析，以便来回答本研究的科学问题。三个开放问题是"您最喜欢 sakai 学习管理系统里的什么功能特征?"、"您最不喜欢 sakai 学习管理系统里的什么功能特征?"以及"您认为混合学习环境怎么样？"

您最喜欢 sakai 学习管理系统里的什么功能特征？ 绝大多数参与研究的学生并未使用完整的句子回答，而是使用了简短的词语或者短句进行了回答。总共有 22 名学生提到，他们最喜欢 sakai 学习管理系统里面的学习资源，例如"教怎样使用 SPSS 的视频"、"多媒体"、"视频教学"、"可以播放视频动画"。在这 22 人中，有 6 个人具体指出他们最喜欢上传的视频教程，因为这些视频教程显示了统计软件操作的详细步骤。5 名学生报告说，他们喜欢作业链接或者投递箱功能，这些功能使得他们能够上传完成的作业。1 名学生提到学生名册是他最喜欢的功能，另外一名学生提到了讨论区。一共有 19 名学生没有回答这个问题。

您最不喜欢 sakai 学习管理系统里的什么功能特征？ 一共 28 名学生没有提出任何他们不喜欢的功能或者特征，另外 8 名学生只是简单地回答"没有"或者"无"。绝大多数回答该开放问题的学生使用了简短的词语和短句。有趣的是，5 名学生提到作业是他们最不喜欢的功能，另外 2 名学生提到投递箱是他们最不喜欢的功能。其中一名学生的回答较为详尽："作业！第一次真的不知道如何上传！"还有 2 名学生提到"讨论区"，但是他们的回答也仅仅只有这三个字。

您认为混合学习环境怎么样？ 和之前两个问题相比，尽管有相当数量的人（23人）没有回答，另外 2 人仅仅说"无"，但该问题得到学生的回答略详细。有很多学生（25 人）认为，通过 sakai 学习管理系统提供的在线课程部分是对面授教学的一个很好的补充，例如，"系统很有用"，"非常好"，"课后使用在线学习资源非常有帮助"。

结 论 和 讨 论

文献显示国际情境中混合学习的研究十分有限（Halverson et al.，2014）。在 ICAP 框架的指导下，本研究的目的是使用收集的多重数据来探索在高等教育情境中，混合学习环境下在线学习的投入度以及与之相关的学习成绩和感知。研究结果显示了几个重要的发现：（1）混合学习方式的学习者的被动投入度行为和积极投入度行为对他们的学习有积极的影响；（2）学习者从混合学习方式中获益，因为混合学习方式充分结合了在线学习和面授学习的长处；（3）学习者并未投入在线社交活动，因此并未深度投入到学习环境中。以下讨论这些研究结果。

量化分析结果显示，作为本科大学生的学习者，经常访问学习管理系统，频率大概为每周一次。这是他们被动投入和积极投入的信号。质性分析结果更进一步显示这些学习者被动地或者积极地使用了在线学习资源，例如他们观看了视频教程。但是，从收集的数据显示，讨论区只有一个发帖，因此学习者并没有利用讨论区的功能来进一步投入到在线学习情境中。结论是，量化数据和质性数据都显示，作为大学生的混合学习方式的学习者某种程度地投入到基于学习管理系统的学习中。这些研究结果和一些已有的有关在线学习中的学习投入度研究的结果一致（例如，Chen et al.，2010；Laird & Kuh，2005）。本研究为本领域新增添的是，混合学习形式的学习者并未在在线学习情境中以单独或者合作的形式建构学习材料以外的新的东西。他们只是在在线学习环境中接受教学信息而已。这启示教育从业者们应该利用教学手段来努力帮助学习者更深入地投入到在线学习环境中，例如使用自我解释提示（Giacumo & Savenye，2012）或者给学生分配角色（Xie，Yu & Bradshaw，2014）。量化分析结果清晰地显示某些投入度行为，例如被动投入度和积极投入度，会对学习有积极的影响：一个学生访问学习管理系统越多，他/她的学习成绩就越好。这和一些之前揭示学生投入度和学习成绩关系的研究结果相一致（例如，Chen et al.，2010；Laird & Kuh，2005）。本研究更具体地指出，就算学生的在线学习投入度不是建构和交互的，而仅仅是被动的和积极的，学生的在线学习投入度依然可以导致他们在混合学习环境中学习得更好。本研究的一个局限是学生的学习成绩无法和其他学习方式（例如在线学习方式）相比较。因此，当学习者在在线环境中被动或者积极地投入到学习中时，研究人员就无法知道他们的学习成绩和混合学习环境中的学习成绩是否有差异。

根据本研究的结果，除了学习成绩方面，混合学习最显著的好处在于在线学习方式对面授方式做了很好的补充。具体来说，质性分析结果显示，学习者可以从面授的课堂中学习统计概念和统计结果的解释，从在线学习系统中查阅课程材料，通过视频教程学习实践技能，并上传作业。因此，本研究为 Osguthorpe 和 Graham 的"远程学习模式的优缺点和面授模式的优缺点互补"的结论提供了实证依据。但是，质性数据分析也显示了一些自相矛盾的结果：有些学生喜欢在线学习系统中的作业功能，但是有些学生却不喜欢该功能，因为他们在使用过程中遇到了困难。这样的结果显示出了在混合学习中技术支持的重要性（Hung & Chou，2015），因为无法使用技术会阻碍学习者从基于技术的学习环境中获益。

值得注意的是，本研究的学习者并没有充分利用在线讨论区，说明这些学习者并没有在混合学习环境中进行社交活动。这和已有研究的结果在某种程度上不太一致

（例如，Ruey，2010；Wei et al.，2015）。一种可能性是这些学习者在面对面的情境中以建构性和交互性的投入方式进行了学习。不幸的是，本研究并没有收集在面授环境中的数据，这也是本研究的一个局限性。也可能文化影响了混合学习环境中学习者的投入度（Vatrapu & Suthers，2007）。未来研究人员应该进行更多的比较研究。但是，值得研究人员注意的是，有一名学生喜欢学习管理系统中的讨论区功能，另外一名学生喜欢系统中的学生名册功能。这表明至少部分学习者尝试在在线环境中和他们的同伴进行社交。所以，教育从业者应该加强学习者的社区意识，研究人员和教育从业者应该考虑在设计、组织和促进混合学习环境的过程中增强教师的存在感。

　　总的来说，本研究的结论是：（1）在混合学习环境中大学生学习者的在线学习投入度能够积极影响他们的学习成绩；（2）高等教育中的混合学习依然有一定的局限性，特别是在技术方面。教学设计人员和教育管理者在设计、开发和实施混合学习环境的时候应该时刻牢记这些局限性。

参考文献

Al-Qahtani, A. A. Y., & Higginst, S. E. (2013). Effects of traditional, blended and e-learning on students' achievement in higher education. *Journal of Computer Assisted Learning*, 29, 220 – 234.

Bernard, R. M., Abrami, P. C., Borokhovski, E., Wade, C. A., Tamim, R. M., Surkes, M. A., & Bethel, E. C. (2009). A meta-analysis of three types of interaction treatments in distance education. *Review of Educational Research*, 79, 1243 – 1289.

Bernard, R. M., Borokhovski, E., Schmid, R. F., Tamim, R. M., & Abrami, P. C. (2014). A meta-analysis of blended learning and technology use in higher education: From the general to the applied. *Journal of Computing in Higher Education*, 26, 87 – 122.

Campbell, A. J. (2007). Always have a plan B: student response to an e-learning program under challenging conditions in China. Proceedings of E-Learn 2007, World Conference on e-learning in Corporate Government, Healthcare and Higher Education, Quebec Canada 15 – 19 October 2007, 689 – 695.

Chen, P. S. D., Lambert, A. D., & Guidry, K. R. (2010). Engaging online learners: The impact of Web-based learning technology on college student engagement. *Computers & Education*, 54, 1222 – 1232.

Chi, M. T. H., & Wylie, R. (2014). The ICAP framework: Linking cognitive engagement to active learning outcomes. *Educational Psychologist*, 49(4), 219 – 243.

Doymus, K. (2008). Teaching chemical equilibrium with the jigsaw technique. *Research in Science Education*, 38, 249 – 260.

Drysdale, J. S., Graham, C. R., Spring, K. J., & Halverson, L. R. (2013). An analysis of research trends in dissertations and theses studying blended learning. *The Internet and Higher Education*, 2(17),90 - 100.

Garrison, D. R., Anderson, T., & Archer, W. (2001). Critical thinking, cognitive presence, and computer conferencing in distance education. *American Journal of Distance Education*, 15(1),7 - 23.

Garrison, D. R., & Kanuka, H. (2004). Blended learning: Uncovering its transformative potential in higher education. *The Internet and Higher Education*, 7,95 - 105.

Giacumo, L. A., & Savenye, W. (2012). Facilitation prompts and rubrics on higher-order thinking skill performance found in undergraduate asynchronous discussion boards. *British Journal of Educational Technology*, 44(5),774 - 794.

Ginns, P., & Ellis, R. (2007). Quality in blended learning: Exploring the relationships between on-line and face-to-face teaching and learning. *Internet and Higher Education*, 10, 53 - 64.

Graham, C. R., & Woodfield, W. W., & Harrison, J. B. (2013). A framework for institutional adoption and implementation of blended learning in higher education. *The Internet and Higher Education*, 18,4 - 14.

Halverson, L. R., Graham, C. R., Spring, K. J., Drysdale, J. S., & Henrie, C. R. (2014). A thematic analysis of the most highly cited scholarship in the first decade of blended learning research. *The Internet and Higher Education*, 20,20 - 34.

Hung, M. -L. & Chou, C. (2015). Students' perceptions of instructors' roles in blended and online learning environments: A comparative study. *Computers & Education*, 81,315 - 325.

Kim, J. H., Baylen, D., Leh, A., & Lin, L. (2015). Blended learning in teacher education: uncovering its transformative potential for teacher preparation programs. In N. P. Ololube and P. J. Kpolovie (Eds.), (pp. 166 - 185). *Enhancing Teacher Education with Advanced Instructional Technologies*, Hershey, PA: IGI Global.

Laird, N. T. F., & Kuh, G. D. (2005). Student experiences with information technology and their relationship to other aspects of student engagement. *Research in Higher Education*, 46 (2),211 - 233.

Lee, C-H., Yeh, D., Kung, R. J., & Hsu, C-S. (2007). The Influences of learning portfolios and attitudes on learning effects in blended e-learning for mathematics. *Journal of Educational Computing Research*, 37,331 - 350.

Lin, W., & Wang, C-H. (2012). Antecedences to continued intentions of adopting e-learning system in blended learning instruction: A contingency framework based on models of information system success and task-technology fit. *Computers & Education*, 58,88 - 99.

Menekse, M., Stump, G., Krause, S., & Chi, M. T. H. (2013). Differentiated overt learning activities for effective instruction in engineering classrooms. *Journal of Engineering Education*, 102,346 - 374.

Olapiriyakul, K., & Scher, J. M. (2006). A guide to establishing hybrid learning courses: Employing information technology to create a new learning experience, and a case study. *The Internet and Higher Education*, 9,287 - 301.

Osguthorpe, R. T., & Graham, C. R. (2003). Blended learning environments: Definitions and Directions. *The Quarterly Review of Distance Education*, *4*, 227-233.

Rovai, A. P., & Jordan, H. M. (2004). Blended learning and sense of community: A comparative analysis with traditional and fully online graduate courses. *International Review of Research in Open and Distance Learning*, *5*(2), 1-13.

Ruey, S. (2010). A case study of constructivist instructional strategies for adult online learning. *British Journal of Educational Technology*, *41*, 706-720.

Singh, H. (2003). Building effective blended learning programs. *Educational Technology*, *43* (6), 51-54.

Tham, K., & Tham, C. (2011). Blended learning—A focus study on Asia. *International Journal of Computer Science Issues*, *8*, 136-142.

Tuckman, B. (2002). Evaluating ADAPT: A hybrid instructional model combining Web-based and classroom components. *Computers & Education*, *39*, 261-269.

Vatrapu, R., & Suthers, D. (2007). Culture and computers: A review of the concept of culture and implications for intercultural collaborative online learning. In T. Ishida, S. R. Fussell, and P. T. J. M. Vossen (Eds.), *Intercultural Collaboration* (Vol. 4568, pp. 260-275). Berlin, Heidelberg: Springer Berlin Heidelberg.

Wei, H-C., Peng, H., & Chou, C. (2015). Can more interactivity improve learning achievement in an online course? Effects of college students' perception and actual use of a course-management system on their learning achievement. *Computers & Education*, *83*, 10-21.

Xie, K., & Ke, F. (2010). The role of students' motivation in peer-moderated asynchronous online discussions. *British Journal of Educational Technology*, *42*, 916-930.

Xie, K., & Yu, C. & Bradshaw, A. C. (2014). Impacts of role assignment and participation in asynchronous discussions in college-level online classes. *The Internet and Higher Education*, *20*, 10-19.

图书在版编目(CIP)数据

基于数字技术的学习科学：理论、研究与实践/林立甲
著.—上海：华东师范大学出版社，2016
ISBN 978－7－5675－5539－6

Ⅰ.①基… Ⅱ.①林… Ⅲ.①机器学习－研究
Ⅳ.①TP181

中国版本图书馆 CIP 数据核字(2016)第 225446 号

基于数字技术的学习科学：理论、研究与实践

著　　者　林立甲
策划编辑　彭呈军
特约审读　朱智慧
责任校对　张　雪
装帧设计　倪志强　陈军荣

出版发行　华东师范大学出版社
社　　址　上海市中山北路 3663 号　邮编 200062
网　　址　www.ecnupress.com.cn
电　　话　021－60821666　行政传真 021－62572105
客服电话　021－62865537　门市(邮购)电话 021－62869887
地　　址　上海市中山北路 3663 号华东师范大学校内先锋路口
网　　店　http://hdsdcbs.tmall.com

印　刷　者　常熟市文化印刷有限公司
开　　本　787×1092　16 开
印　　张　13.5
字　　数　235 千字
版　　次　2016 年 9 月第 1 版
印　　次　2016 年 9 月第 1 次
书　　号　ISBN 978－7－5675－5539－6/G·9712
定　　价　32.00 元

出版人　王　焰

(如发现本版图书有印订质量问题,请寄回本社客服中心调换或电话 021－62865537 联系)